21 世纪高职高专规划教材·计算机系列

Photoshop CS6 案例教程

主　编　张丽君　林　军

副主编　董建斌

北京交通大学出版社

·北京·

全书共 11 章，内容涵盖 Photoshop CS6 基础知识与基本操作、工具的使用、图层的基本应用、图层的高级应用、路径的应用、调整图像的色调与色彩、通道的应用、滤镜的应用、实训案例、图像的获取与输出。

本书具有以下主要特点：综合案例丰富，并且具有实用性；采用"理论+实例+操作"的教学方式，合理安排知识点和案例；以软件功能和应用为主线。

本书适合作为高职高专计算机专业及大中专院校的非计算机专业的教材，也可供广大初、中级计算机爱好者自学使用。

图书在版编目（CIP）数据

Photoshop CS6案例教程 / 张丽君，林军主编. —北京：北京交通大学出版社，2017.10
ISBN 978–7–5121–3373–0

Ⅰ. ① P… Ⅱ. ① 张… ② 林… Ⅲ. ① 图象处理软件–教材 Ⅳ. ① TP391.413

中国版本图书馆 CIP 数据核字（2017）第 246780 号

Photoshop CS6案例教程
Photoshop CS6 ANLI JIAOCHENG

责任编辑：贾慧娟
出版发行：北京交通大学出版社　　　　电话：010–51686414　　http://www.bjtup.com.cn
地　　址：北京市海淀区高梁桥斜街 44 号　　邮编：100044
印 刷 者：北京鑫海金澳胶印有限公司
经　　销：全国新华书店
开　　本：185 mm×260 mm　　印张：14.75　　字数：231 千字
版　　次：2017 年 10 月第 1 版　　2017 年 10 月第 1 次印刷
书　　号：ISBN 978–7–5121–3373–0/TP · 852
印　　数：1～2 000 册　　定价：38.00 元

本书如有质量问题，请向北京交通大学出版社质监组反映。对您的意见和批评，我们表示欢迎和感谢。
投诉电话：010–51686043，51686008　　传真：010–62225406　　E-mail：press@bjtu.edu.cn。

编 委 会

前言

计算机教材的优劣在计算机教育中起着至关重要的作用。计算机教学的目标应该是：让学生在最短的时间内掌握计算机的相关技术，并能在实践中应用。计算机教学的方式应该是：理论+实例+操作，从而避开枯燥的讲解，让学生能学得轻松，教师也教得愉快。真正好的计算机教材应该将软件的应用（案例）与功能完美结合在一起，让学生能轻松学习，马上应用，还能举一反三。这也是本书要带给您的体验。

本书的特色

一本好书首先应该有用，其次应该让大家愿意看、看得懂、学得会；一本好教材，应该贴心为教师、为学生考虑。因此，我们在规划本书时竭力做到以下几点：

- 精心安排内容。计算机每种软件的功能都很强大，如果将所有功能都一一讲解，无疑会浪费时间，而且无任何用处。例如 Photoshop 这个软件除了可以进行图像处理外，还可以制作动画，但是，又有几个人会用它制作动画呢？因此我们在内容安排上紧紧抓住重点，并且按照感性认识→应用提高→综合实践的体系结构安排教学内容。

- 以软件功能和应用为主线。本书突出两条主线，一个是软件功能，一个是应用。以软件功能为主线，可使学生系统地学习相关知识；以应用为主线，可使学生学有所用。

- 采用"理论+实例+操作"的教学方式，合理安排知识点和案例。先讲解必要的知识点，然后通过和知识点相配合的案例来理解、掌握并应用相应的知识点。

- 综合案例丰富，并且具有实用性。计算机教育是一门实践性很强的学科，因此，每章节的学习中都配有相应案例，第 10 章为实训案例。书中的案例应该达到两个目的，一个是帮助学生巩固所学知识，加深对知识的理解；一个是紧密结合应用，让学生了解如何将这些功能应用到日后的工作中。

- 语言简练，讲解简洁，图示丰富。避开枯燥的讲解，同时，在介绍概念时尽量做到语言简洁、易懂，并善用比喻和图示。

- 适应教学要求。本教材在安排各章内容和实例时严格控制篇幅和案例的难易程度，从而符合教师的教学需求。

- 提供完整的素材。完整的素材可以帮助学生根据书中内容进行预习和上机练习。

- 精心设计的思考与练习。本教材的"思考与练习"都是经过精心设计，从而真正起到检验学生学习成果的作用。

本书读者对象与学习目标

本书适合作为高职高专计算机专业，以及大中专院校非计算机专业的教材，也可供广大初、中级计算机爱好者自学使用。通过本教材的学习使学生能具备以下能力：① 能够使用 Photoshop 进行数码照片处理；② 能够使用 Photoshop 制作图片特效；③ 够使用 Photoshop 进行平面广告的设计与制作；④ 能够使用 Photoshop 进行效果图的后期处理；⑤ 能够使用

Photoshop 制作、处理网站的图片。

本书作者

本书由张丽君、林军担任主编，董建斌担任副主编，其中第 1 章由吴淑清老师编写；第 2 章由林军老师编写；第 3 章由张丽君、卫俭老师编写；第 4 章、第 5 章由董建斌老师编写；第 6 章由林军老师编写；第 7 章由郑江老师编写；第 8 章、第 9 章由董建斌、李建峰老师编写；第 10 章由张丽君老师编写；第 11 章由卫俭老师编写。

尽管我们在写本书时已经竭尽全力，但书中仍会存在问题，欢迎读者批评指正。需要素材请发邮件到 1175769942@qq.com 与张丽君老师联系或用手机扫本书扉页二维码获得。

编　者

2017 年 9 月

目　录

I

第 1 章

Photoshop CS6 基础知识

1.1 Photoshop CS6 的应用领域

Photoshop 软件是 Adobe 公司出品的图像处理软件之一。作为平面设计中最常用的工具之一，其应用领域非常广泛，在图像、图形、文字、视频和出版等各方面都有涉及。如果单纯地把 Photoshop 软件定义为平面设计，还是有些狭隘。多数人对于 Photoshop 的了解仅限于"一个很好的图像编辑软件"，并不知道它的诸多应用方面，实际上，Photoshop 的应用领域很广泛的，它不仅是一个好的图像编辑软件，而且在以下行业都有所涉及。

1. 平面设计

平面设计是 Photoshop 应用最为广泛的领域，无论是我们正在阅读的图书封面，还是大街上看到的招贴、海报，这些具有丰富图像的平面印刷品，基本上都需要 Photoshop 软件对图像进行处理。如图 1-1 所示为经过 Photoshop 设计的某啤酒品牌的平面广告。

2. 修复照片

Photoshop 具有强大的图像编辑和修饰功能。利用这些功能，可以快速修复一张破损的老照片，也可以修复人脸上的斑点等瑕疵。

3. 广告摄影

广告摄影作为一种对视觉要求非常严格的工作，其最终成品往往需要经过 Photoshop 的修改才能达到满意的效果。

4. 影像创意

影像创意是 Photoshop 的擅长，通过 Photoshop 的处理可以将原本不相关的对象组合在一起，也可以使用"狸猫换太子"的手段使图像发生耳目一新的巨大变化，如图 1-2 所示。

图 1-1 平面广告

图 1-2 创意设计

5. 艺术文字

当文字遇到 Photoshop 处理，就已经注定不再普通。利用 Photoshop 可以使文字发生各种各样的变化，并利用这些艺术化处理后的文字为图像增加效果。

6. 网页制作

网络的普及是促使更多人需要掌握 Photoshop 的一个重要原因。因为在制作网页时 Photoshop 是必不可少的网页图像处理软件。

7. 绘画

由于 Photoshop 具有良好的绘画与调色功能，许多插画设计制作者往往使用铅笔绘制草稿，然后用 Photoshop 填色的方法来绘制插画。

8. 绘制或处理三维贴图

在三维软件中，如果只能够制作出精良的模型，而无法为模型应用作出逼真的贴图，也无法得到较好的渲染效果。实际上在制作材质时，除了要依靠软件本身具有的材质功能外，利用 Photoshop 可以制作在三维软件中无法得到的合适的材质也非常重要。

9. 婚纱照片设计

当前越来越多的婚纱影楼开始使用数码相机，这也使得婚纱照片的设计处理成为一个新兴的行业。

10. 界面设计

界面设计是一个新兴的领域，已经受到越来越多的软件企业及开发者的重视，虽然暂时还未成为一种全新的职业，但相信不久一定会出现专业的界面设计师职业。在当前还没有用于做界面设计的专业软件，因此绝大多数设计者使用的都是 Photoshop。

上述列出了 Photoshop 应用的 10 大领域，但实际上其应用不止上述这些。例如，在目前的影视后期制作及二维动画制作中，Photoshop 也有所应用。

1.2　矢量图与位图

计算机中显示的图像一般可以分为两大类——矢量图（vector）或位图（bitmap）格式显示图像。

1. 矢量图（vector）

矢量图又称为向量图形，使用直线和曲线来描述图形，矢量图这些图形的元素是一些点、线、矩形、多边形、圆和弧线等，比较适用于编辑色彩较为单纯的色块或文字，如 Illustrator、PageMaker、FreeHand、CorelDRAW 等绘图软件创建的图形都是矢量图。它与分辨率无关，无法通过扫描获得。当对矢量图进行放大后，图形仍能保持原来的清晰度，且色彩不失真，如图 1-3 所示。Flash MX 制作的动画也是矢量图形动画。

矢量图与位图最大的区别是，它不受分辨率的影响。因此在印刷时，可以任意放大或缩小图形而不会影响出图的清晰度，文件占用空间较小，适用于图形设计、文字设计和一些标志设计、版式设计等。

（1）概念：由数学方式描述的线条，组成的图形。记录图形中的内容，形状。

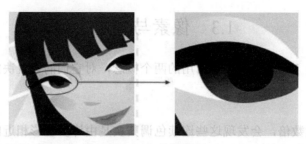

图 1-3　矢量图放大

（2）特点：

① 可以任意放大缩小，且图像数据量小；

② 色彩不丰富，无法表现逼真的景物。

（3）常见格式：CDR，COL，EPS，ICO，DWG，等等。

2. 位图图像（bitmap）

位图（Bitmap）也叫作栅格图像，是由很多个像素组成的，比较适合制作细腻、轻柔缥缈的特殊效果，Photoshop 生成的图像一般都是位图。位图图像放大到一定的倍数后，看到的便是一个一个方形的色块，每一个色块就是一个像素，每个像素只显示一种颜色，是构成图像的最小单位。

位图是由许多色块组成的，对位图进行放大后可看到这些色块，整体图像也会变得模糊、粗糙，即我们常说的马赛克现象，如图 1-4 所示。

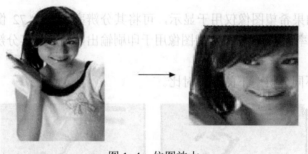

图 1-4　位图放大

处理位图时要着重考虑分辨率。处理位图需要三思而后行，因为给图像选择的分辨率通常在整个过程中都伴随着文件。因此位图不能随意放大，超过它的设定分辨率就会失真了。

（1）概念：以像素为单位组成的图像就是位图图像。这些图像上不管是直线或圆形，应用程序都会将它转换成为一个个的像素，而每个像素都有明确的颜色。

（2）特点：

① 可以表现出色彩丰富的图像效果；

② 可逼真地表现自然界各类景物；

③ 不能任意放大缩小，且图像数据量大。

（3）常有图片格式：BMP，JPEG，GIF，TIF，PIG，等等。

1.3　像素与分辨率

像素与分辨率是 Photoshop 中最常用的两个概念，对它们的设置决定了文件的大小及图像的质量。

1. 像素

如果把图像放大数倍，会发现这些连续色调其实是由许多色彩相近的小方点所组成，这些小方点就是构成图像的最小单位，称为一个"像素"。且一个像素只显示一种颜色。

2. 分辨率

分辨率是指显示或打印图像时，单位距离中所含像素点的数量，通常以"像素/英寸"（pixel per inch，ppi）来衡量，用于表示图片的清晰度。

屏幕分辨率：长度为 1 英寸的范围内单排像素的个数称为图像的分辨率。如：1 920×1 080，1 024×768，800×600，640×480。分辨率越高，图像更清晰，图像存储空间更大。

打印机 lpi：每英寸线数，打印机的分辨率，用来衡量打印机的输出精度。

分辨率的高低直接影响图像的效果，使用太低的分辨率会导致图像粗糙，在排版打印时图片会变得非常模糊；而使用较高的分辨率则会增加文件的大小，并降低图像的打印速度。

修改图像的分辨率可以改变图像的精细程度。对以较低分辨率扫描或创建的图像，在 Photoshop 中提高图像的分辨率只能提高每单位图像中的像素数量，却不能提高图像的品质。

一般情况下，如果希望图像仅用于显示，可将其分辨率设置为 72 像素/英寸或 96 像素/英寸（与显示器分辨率相同）；如果希望图像用于印刷输出，则应将其分辨率设置为 300 像素/英寸或更高。

图 1-5 所示为不同分辨率下的图样对比。

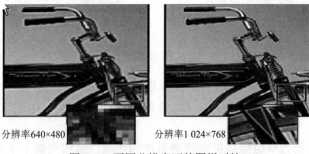

图 1-5　不同分辨率下的图样对比

1.4　图像的颜色模式

色彩模式决定现实和打印输出图像的色彩模型，所谓色彩模型可理解为表示图像的颜色范围及合成方式。

Photoshop 中有 8 种图像的色彩模式，每种模式的图像描述和再现图像色彩的原理，以及

再现颜色的数目都是不同的，图像中的色彩都放在通
道中，因此图像色彩模式不同，图像的通道数也不同。
关于通道将在第 8 章中讲述。

在 Photoshop CS6 窗口单击菜单栏上【图像】→
【模式】打开二级菜单如图 1–6 所示。

图 1–6　颜色模式二级菜单

1. 位图模式

位图模式这种形式通常被称为黑白艺术，它是只
由黑白两色构成而且没有灰色阴影的图像，按这种方
式形成的图像处理速度快，产生的图像文件小，易于操作，因为它所保存图像的颜色信息少。
要将图像转换为位图模式，必须首先将图像转换为灰度模式，然后再由灰度模式转换为位图
模式。

2. 灰度模式

灰度图像中只有灰度而没有彩色，在 Photoshop 中灰度图可以看成是只有一种颜色通道
的数字图像，它可以设置灰阶的级别，如常用的 8 位/通道，16 位/通道等，其位数的大小代
表了通道中所包含的灰度信息量的多少，8 位就是 2 的 8 次方，即 256 灰阶级别，这是最常
见的通道，16 位就是 2 的 16 次方，即 65 536 灰阶级别。

3. 双色调模式

双色调模式由灰度模式发展而来，但在双色调模式中颜色只是用来表示"色调"而已，
因此，在这种模式下，彩色油墨只是用来创建灰度级别的，不是创建彩色的。当油墨颜色不
同时，其加入的颜色作为副色，这样才能表现较丰富的层次和质感。

4. 索引颜色模式

因为图像中所包含的颜色数目有限，为了减小图像文件的大小，人们设计了索引颜色模
式。将一幅图像转换为索引颜色模式后，子菜单下的颜色表菜单项被激活，系统将从图像中
提取 256 种典型的颜色作为颜色表，也可选择该菜单项调整颜色表中的颜色，或选择其他颜
色表。

这种模式可极大地减小图像文件的存储空间（大概只有 RGB 模式的三分之一），同时，
这种颜色模式在显示上与真彩色模式基本相同，它多用于制作多媒体作品，如：GIF 动画。

5. RGB 颜色模式

RGB 颜色模式是一种利用红（red）、绿（grade）、蓝（blue）三种基本颜色进行颜色加法，
配制出绝大部分肉眼能看到的颜色的模式，一般主要用于屏幕显示。

Photoshop 将 24 位的 RGB 图像看作由三个颜色信息通道组成，这三个颜色通道分别为：
红色通道，绿色通道，蓝色通道。其中每个通道使用 8 位颜色信息，该信息由 0～255 的亮度
值来表示，这三个通道通过组合，可以产生 1 670 万种不同的颜色，由于它的通道可以进行
编辑，从而增强了图像的可编辑性。

6. CMYK 颜色模式

CMYK 颜色模式是一种印刷模式，其中的四个字母分别是青、洋红、黄、黑。CMYK 模
式在本质上与 RGB 颜色模式没有什么区别，只是产生色彩的原理不同，RGB 产生颜色的方
法称为加色法，CMYK 产生颜色的方法称为减色法。它有四个通道，分别是青、洋红、黄、
黑，每个通道内的颜色信息是由 0～100 的亮度值来表示。因此它所显示的颜色比 RGB 颜色

模式要少。

7. Lab 颜色模式

Lab 颜色模式是以一个亮度分量 L，以及两个颜色分量 a 和 b 来表示颜色的。其中，L 的取值范围为 0～100，a 分量代表了由绿色到红色的光谱变化，而 b 分量代表由蓝色到黄色的光谱变化，且 a 和 b 分量的取值范围均为 –120～120。

通常情况下，Lab 颜色模式很少使用，它是 Photoshop 内部的颜色模式，也是目前所有模式中包含色彩范围（也称为色域）最广的颜色模式，它能毫无偏差地在不同的系统和平台之间进行交换。

8. 多通道模式

将图像转换为多通道模式后，系统将根据原图像产生相同数目的新通道，但该模式下的每个通道都为 256 级灰度通道（其组合仍为彩色），这种显示模式通常用于处理特殊打印。用户删除了 RGB，CMYK，Lab 颜色模式中的某个通道，该图像会自动转换为多通道模式。表 1–1 为颜色模式。

表 1–1　颜色模式

模　　式	构　成　方　法	特　　点	作　　用
RGB（默认）	以红、绿、蓝为基色的加色法混合方式，也称为屏幕显示模式	色彩显示绚丽，但显示与打印效果不符	用于屏幕的显示
CMYK	以青、红（洋红、品红、桃红）、黄、黑为基色的四色打印模式	显示与打印效果基本一致	用于打印、输出
Lab	由国际照明委员会制定，具有最宽的色域，是 Photoshop 内部色彩模式 L：色彩亮度 a：由深绿到灰到亮粉红色的转变 b：由亮蓝到灰到焦黄色的转变		
位图	1 位图像，黑白位图，由黑白两种颜色构成画面。 16 位、32 位、64 位位图		
灰度	8 位图片，由 256 级灰阶构成的图片		

1.5　图像文件的格式

计算机每一张靓丽的墙纸图片都可以表达个人的情调和风格；当我们设计网页时，往往也少不了图片的装饰。那么平常我们接触的图像到底有哪些呢？常见的图像文件格式又有哪些呢？

1. BMP 格式

BMP 是英文 bitmap（位图）的简写，它是 Windows 操作系统中的标准图像文件格式，能够被多种 Windows 应用程序所支持。随着 Windows 操作系统的流行与应用程序的开发，BMP 位图格式理所当然地被广泛应用。这种格式的特点是包含的图像信息较丰富，几乎不进行压缩，但占用磁盘空间过大。所以，目前 BMP 在单机上比较流行。

2. GIF 格式

GIF 是英文 graphics interchange format（图形交换格式）的缩写。这种格式是用来交换图片的。GIF 格式的特点是压缩比高，磁盘空间占用较少，所以这种图像格式迅速得到了广泛的应用。目前 Internet 上大量采用的彩色动画文件多为这种格式的文件。

但 GIF 有个小小的缺点，即不能存储超过 256 色的图像。尽管如此，这种格式仍在网络上应用，这和 GIF 图像文件短小、下载速度快、可用许多具有同样大小的图像文件组成动画等优势是分不开的。

3. JPEG 格式

JPEG 也是常见的一种图像格式，它由联合照片专家组（joint photographic experts group）开发并命名为"ISO10918–1"，JPEG 仅仅是一种俗称而已。

JPEG 文件的扩展名为.jpg 或.jpeg，其压缩技术十分先进，它用有损压缩方式去除冗余的图像和彩色数据，获取极高的压缩率的同时能展现十分丰富生动的图像，换句话说，就是可以用最少的磁盘空间得到较好的图像质量。

由于 JPEG 优异的品质和杰出的表现，它的应用也非常广泛，特别是在网络和光盘读物上，肯定都能找到它的影子。目前各类浏览器均支持 JPEG 这种图像格式，因为 JPEG 格式的文件尺寸较小，下载速度快，使得 Web 页有可能以较短的下载时间提供大量美观的图像，JPEG 同时也就顺理成章地成为网络上最受欢迎的图像格式。

4. TIFF 格式

TIFF（tag image fileformat）是 Mac 中广泛使用的图像格式，它由 Aldus 和微软联合开发，该格式有压缩和非压缩二种形式，其中压缩可采用 LZW 无损压缩方案存储。不过，由于 TIFF 格式结构较为复杂，兼容性较差，因此有时你的软件可能不能正确识别 TIFF 文件（现在绝大部分软件都已解决了这个问题）。目前在 Mac 和 PC 机上移植 TIFF 文件也十分便捷，因而 TIFF 现在也是微机上使用最广泛的图像文件格式之一。

5. PSD 格式

PSD 格式是图像处理软件 Photoshop 的默认格式（PSD）。PSD 格式可以支持位图、灰度、双色调、索引颜色、RGB、CMYK、和多通道图像模式等。PSD 模式一般用于图像编辑过程中存储图像。如果要求文件中含有图层或通道信息时，就必须以 PSD 格式存档。PSD 格式可以将不同的物体以图层分离存储，便于修改和制作各种特效。

在 Photoshop 所支持的各种图像格式中，PSD 的存取速度比其他格式快很多，功能也很强大。其唯一的缺点是存储的图像文件特别大。

6. PNG 格式

PNG（portable network graphics）是一种新兴的网络图像格式。PNG 的第一个特点是目前保证最不失真的格式，它汲取了 GIF 和 JPG 二者的优点，存储形式丰富，兼有 GIF 和 JPG 的色彩模式；它的另一个特点能把图像文件压缩到极限以利于网络传输，但又能保留所有与图像品质有关的信息，因为 PNG 是采用无损压缩方式来减少文件的大小，这一点与牺牲图像品质以换取高压缩率的 JPG 有所不同；它的第三个特点是显示速度很快，只需下载 1/64 的图像信息就可以显示出低分辨率的预览图像；第四个特点是 PNG 同样支持透明图像的制作，透明图像在制作网页图像的时候很有用，我们可以把图像背景设为透明，用网页本身的颜色信息来代替设为透明的色彩，这样可让图像和网页背景很和谐地融合在一起。

7. EPS 格式

EPS（encapsulated post script）是一种通用的行业标准格式，可同时包含像素信息和矢量信息，支持填充路径操作，但不支持 Alpha 通道。

EPS 格式是一种应用非常广泛的 PostScript 文件格式，常用于绘图或排版软件。

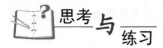 思考与练习

一、填空题

1. ＿＿＿＿＿＿＿＿＿是组成图像的最小单位。

2. 位图与＿＿＿＿＿＿＿＿有关，图像被放大一定程度后，图像将＿＿＿＿＿＿。

3. 图像是由一个个小点组成的，这每一个小点被称为＿＿＿＿＿＿。

4. 分辨率是指＿＿＿＿＿＿＿＿，单位长度上像素越多，图像就越清晰。

5. Photoshop 专用的文件格式是＿＿＿＿＿，它可以保存图层、通道等信息。

6. 计算机中的图像分为位图和＿＿＿＿＿两种类型。

7. 用于屏幕显示的图像，一般设置成为＿＿＿＿＿＿＿颜色模式。

8. ＿＿＿＿＿＿是目前保证最不失真的图像文件格式。

二、问答题

1. 想一想，位图和矢量图最大的区别是什么？

2. 为什么图像在印刷时要转换成 CMYK 颜色模式呢？

第 2 章

Photoshop CS6 基本操作

2.1 熟悉 Photoshop CS6 使用界面

首先在计算机中安装 Photoshop CS6 中文版软件，然后启动，下面介绍该软件的启动方法、Photoshop CS6 的工作界面以及如何关闭 Photoshop CS6 应用程序。

1. 如何启动 Photoshop CS6 程序

（1）选择【开始】|【所有程序】|【Photoshop CS6】。

（2）双击桌面上快速启动图标，如图 2-1 所示。

2. 工作界面介绍

打开的 Photoshop CS6 工作界面如图 2-2 所示，主要包括了菜单栏、工具栏、工具属性栏、图像窗口及各种面板等。下面分别介绍各部分的功能和作用。

图 2-1　快速启动图标

图 2-2　Photoshop CS6 工作界面

（1）菜单栏：是 Photoshop CS6 的重要组成部分，Photoshop CS6 包括 11 个主菜单，每个菜单名后有一个带下划线的字母（如"文件（F）"），这个字母是该菜单的热键，即可以通过 ALT+该字母用键盘组合键打开菜单；如 ALT+F 可以弹出"文件"的下拉菜单。

每个主菜单下有下拉菜单。下拉菜单名后是"…"，说明单击该菜单项将打开一个对话框，下拉菜单名后"▶"表示该菜单下有子菜单，菜单项为灰色表示当前状态不可用，如图 2-3 所示。

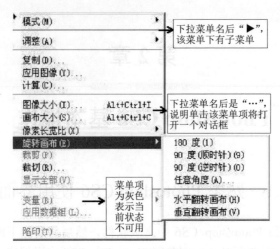

图 2-3　下拉菜单

（2）工具箱：Photosohop CS6 的工具箱中包含 50 多种工具，大致可分为选区制作工具、绘画工具、修饰工具、颜色设置工具，以及显示控制工具等几类。工具箱的默认位置位于界面的左侧，当将鼠标光标放置在工具箱上方的蓝色区域内，按下鼠标左键并拖曳即可移动工具箱的位置。单击工具箱中最上方的■■按钮，可以将工具箱转换为单列或双列显示，如图 2-4 所示。

将鼠标光标移动到工具箱中的任一按钮上，该按钮将突出显示，如果在工具按钮上停留一段时间，鼠标光标的右下角会显示该工具的名称。单击任一工具按钮可将其选择。另外，绝大多数工具按钮的右下角带有黑色的小三角形，表示该工具还隐藏有其他同类工具，将鼠标光标放置在这样的按钮上按下鼠标左键不放或单击鼠标右键，即可将隐藏的工具显示出来。将鼠标光标移动到弹出工具组中的任一工具上单击，可选择该工具。

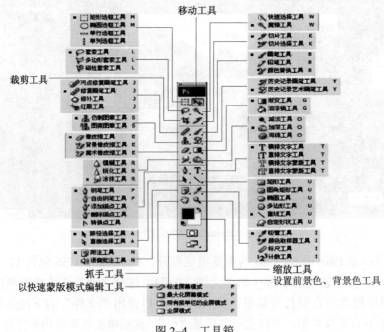

图 2-4　工具箱

（3）工具属性栏：属性栏位于菜单栏的下方，显示工具箱中当前选择按钮的参数和选项设置。在工具箱中选择不同的工具时，属性栏中显示的选项和参数也各不相同。例如，单击工具箱中的【横排文字】工具后，属性栏中就只显示与文本有关的选项及参数。在画面中输入文字后，单击【移动工具】来调整文字的位置，属性栏中将更新为与【移动工具】有关的选项。将鼠标光标放置在属性栏最左侧的灰色区域按下鼠标左键并拖曳，可以将属性栏拖曳至界面的任意位置。

（4）图像窗口：图像窗口是表现和创作 Photoshop 作品的主要区域，图形的绘制和图像的处理都是在该区域内进行。Photoshop 允许同时打开多个图像窗口，每创建或打开一个图像文件，工作区中就会增加一个图像窗口。

（5）工作区：工作区是指工作界面中的大片灰色区域，工具箱、图像窗口和各种控制面板都处于工作区内。为了获得较大的空间显示图像，可按 Tab 键将工具箱、属性栏和控制面板同时隐藏；再次按 Tab 键可以使它们重新显示出来。

（6）状态栏：状态栏位于图像窗口的底部，显示图像的当前显示比例和文件大小等信息。在比例窗口中输入相应的数值，可以直接修改图像的显示比例。

（7）面板：用来配合完成图像编辑和 Photoshop 功能设置，默认位于界面的右侧。在Photoshop 中有许多面板，它们可以通过"窗口"菜单的下拉菜单设置显示或取消。利用这些面板可以对当前图像的色彩、大小显示、样式以及相关的操作等进行设置和控制。将鼠标光标移动到任意一组面板上方的灰色区域内，按住左键并拖曳，可以将其移动至界面的任意位置。

① 伸展与折叠面板：在程序窗口中，单击面板组右上角的右向双箭头按钮，可以将面板折叠成一个个精美的图标。此时，右向双箭头按钮转换为左向双箭头，单击它可将面板恢复为正常状态，如图 2-5 所示。

图 2-5　面板折叠

② 关闭面板：想要将暂时不需要使用的面板关闭，只需将面板展开，然后单击面板右上角的 ✕ 即可，如图 2-6 所示。

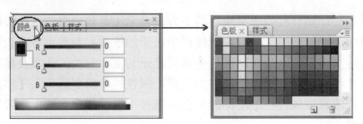

图 2-6 关闭面板

③ 拆分面板：如果用户想要将某个面板单独分离出来，可用鼠标左键拖动该面板标题，将其拖出原面板组，释放鼠标即可。

④ 复位面板：如果用户已经将面板任意进行了拆分，又想要恢复其默认位置，可选择【窗口】|【工作区】|【复位基本功能】菜单即可。用户也可在工具属性栏中单击【基本功能】按钮，从弹出的下拉菜单中选择【复位基本功能】，来恢复面板的默认位置。

⑤ 显示与隐藏工具箱及面板：在 Photoshop CS6 中，按下 Tab 键，可以隐藏工具箱和面板，来获得更大的视图范围。再次按 Tab 键，可重新显示工具箱和面板，如图 2-7 所示。

图 2-7 显示与隐藏工具箱及面板

3. 如何关闭 Photoshop CS6 程序

（1）要关闭 Photoshop，可以单击程序窗口右上角的【关闭】按钮。

（2）可按下 Alt+F4 或 Ctrl+Q 组合键来退出程序。

（3）单击主菜单中【文件】|【退出】。

2.2 文件的基本操作

当启动 Photoshop CS6 后，在 Photoshop CS6 窗口中，除了可以看到菜单、工具箱和面板外，看不到任何窗口显示。这时，必须新建一个图像文件或者打开一个旧文件，这样才能进行图像编辑，这些操作都在"文件"菜单下进行。

2.2.1 新建文件

要新建一个图像文件，有以下 2 种方法：

① 单击【文件】|【新建】，如图 2-8 所示；

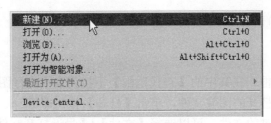

图 2-8　新建文件子菜单

② 快捷键 Ctrl+N。

以上两种方法都可打开【新建】对话框，如图 2-9 所示，【新建】对话框可以设置新文件的名称、尺寸、分辨率、颜色模式和背景颜色。设置完后单击【确定】按钮即可创建所需的图像文件。

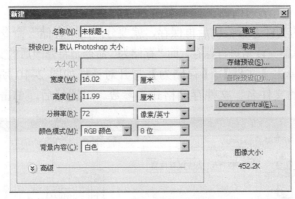

图 2-9　新建文件对话框

（1）名称：用于输入新文件的名称。若不输入，则以默认名"未标题-1" 命名图像。

（2）图像大小：可以通过【预设】下拉框选择内定的图像尺寸；也可以通过后面的【宽度】【高度】【分辨率】对话框输入自定参数。宽高和高度：指画布宽和高，单位：像素（px）、英寸（1 英寸=2.54 mm）、厘米（cm）等。

（3）【分辨率】：单位是像素/英寸（dpi）或像素/厘米，图像分辨率通常使用的单位为像素/英寸。

像素/英寸指 1 英寸单位面积中像素点个数，分辨率越大，图像越清晰，同样文件大小会变大，打印、印刷分辨率为 300 dpi，写真 120 dpi，喷绘不超过 72 dpi（幅面越大，分辨率越高）。

（4）【颜色模式】：可供选择的模式有位图、灰度、RGB、CMYK、Lab 颜色模式。

（5）【背景内容】：有白色、背景、透明三个选项。选择"白色"表示创建一个以白色为背景的图像；选择"背景"表示将当前使用的背景色作为图像的背景；选择"透明"项表示将创建一个透明背景的图像。

2.2.2　打开文件

在 Photoshop 中，如果要对已有的图像文件进行修改或编辑，需打开文件。在 Photoshop CS6 中打开文件的方法有下以几种方法。

（1）选择菜单【文件】|【打开】。

（2）快捷键 Ctrl+O。

（3）双击工作区。

打开【打开】对话框，在其中的【查找范围】下拉列表中选择图像文件所在文件夹，然后在文件列表中选择要打开的图像文件，单击【打开】按钮即可。

如果打开最近打开过的文件，可以选择【文件】|【最近打开文件】菜单中的文件。

2.2.3　存储文件

图像作品完成后，要保存图像文件，文件的保存命令主要包括"存储"和"存储为"两种方式。

（1）对于新建的文件进行编辑后保存，使用"存储（Ctrl+S）"和"存储为（Shift+Ctrl+S）"命令的性质是一样的，都是为当前文件命名并进行保存。

（2）但对于打开的文件进行编辑后再保存，就要分清用"存储"命令还是"存储为"命令，"存储"命令是将文件以原文件名进行保存，而"存储为"命令是将修改后的文件重命名后进行保存。

在文件存储时，单击【文件】|【存储为】打开对话框如图 2-10 所示，需要选择文件的保存位置，设置文件的文件名、文件存储格式等参数。设置好后，单击【保存】按钮。

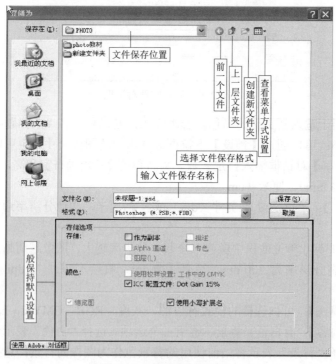

图 2-10　保存文件对话框

2.3　图像的基本操作

图像的大小就是设置图像文件的尺寸，只有设置正确的文件尺寸，才能够使处理和绘制的图像作品得以正确的应用。如设置文件尺寸过小，作品绘制完成后印刷输出，其最终效果就会出现模糊、清晰度不够的现象；相反，如果设置的文件尺寸过大，而实际印刷又不需要太大，这样就会影响在图像处理过程中计算机的运算速度。所以，掌握好图像大小的设置对于一个设计者是非常必要的。

图像文件的大小以千字节（KB）、兆字节（MB）和千兆字节（GB）为单位，它们之间的大小换算为：1 024 KB=1 MB，1 024 MB=1 GB。

2.3.1　调整图像的大小

1. 调整图像大小

图像文件的大小是由文件的宽度、高度和分辨率决定的，图像文件的宽度、高度和分辨率数值越大，图像文件也就越大。

当图像的宽度、高度及分辨率无法符合设计要求时，可以执行【图像】|【图像大小】命令，通过改变宽度、高度及分辨率的分配来重新设置图像的大小。

（1）单击【文件】|【打开】，打开素材中 rw2.jpg 文件，如图 2-11 所示。

（2）单击【图像】|【图像大小】，如图 2-12 所示。

图 2-11　图像窗口

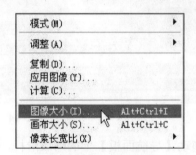

图 2-12　图像菜单

（3）在图像大小窗口中的【宽度】栏填入宽度值，如果你勾选了下面的【约束比例】，【高度】可以不填，这样改变大小时图像不会变形，如果你不勾选【约束比例】，填入高度值，图像会变形。下面【缩放样式】【约束比例】【重定图像像素】默认是勾选的，然后单击【确定】，如图 2-13 所示。

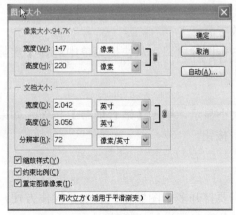

图 2-13　设置图像大小对话框

2. 改变图像显示比例

在处理图像时，通过放大图像可以更方便地对图像细节进行处理，通过缩小图像可以更方便地观察图像的整体。放大或缩小的方法有以下 3 种。

（1）单击工具箱中【缩放工具】，然后移动到打开的图像上，光标呈 状，此时单击鼠标即可将图像放大一倍显示，若按住"Alt"键光标变为 状，此时单击鼠标即可将图像缩小 1/2 显示，如图 2–14 所示。

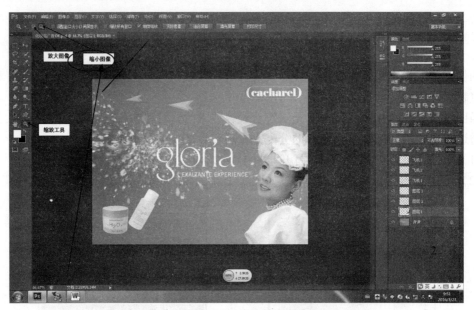

图 2–14　设置图像缩放

（2）拖动【导航面板】上的缩放滑杆，可以放大或缩小当前图像。

（3）选择【视图】|【放大】（快捷键 Ctrl++），或【缩小】（快捷键 Ctrl+–）菜单，可使图像放大一倍或缩小 1/2。按组合键 Ctrl+Alt+–或 Ctrl+Alt++可使窗口和图像一起缩小或放大。

3. 图像按 100%显示

如果希望将图像按 100%显示，可以通过以下几种方法实现。100%显示的图像是用户看到的真实的图像效果。

（1）工具箱中双击缩放工具。

（2）选择缩放工具，右击图像窗口，从快捷菜单中选择【实际像素】。

（3）单击【实际像素】按钮。

4. 按屏幕大小显示

如果希望视图按屏幕大小显示，单击【适合屏幕】按钮，如果希望图像以实际打印尺寸显示，可单击【打印尺寸】按钮。

2.3.2　调整图像窗口

在编辑图像时，经常需要打开多个图像窗口。为了操作方便，可以根据需要移动窗口的位置、调整窗口的大小或在各窗口间进行切换等。

1. 调整窗口的基本操作

（1）在 Photoshop CS6 中任意打开一幅图像，此时窗口处于默认的显示大小状态，单击图像窗口标题栏并拖动即可移动窗口的位置，如图 2-15 所示。

（2）要使窗口最小化或最大化显示，可单击图像窗口右上角的【最小化】按钮或【最大化】按钮，如果想还原为默认大小，单击窗口右上角的还原按钮，如图 2-16 所示。

（3）图像窗口大小的调整，还可以通过鼠标左键拖动窗口边界来实现，当窗口在非最大和非最小化状态下，将光标置于窗口边界时会变化为如图 2-17 所示形状。

图 2-15　移动图像窗口

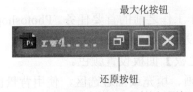

图 2-16　窗口最大化和还原按钮图标

图 2-17　调整窗口大小光标

2. 同时打开多个窗口

同时打开多个窗口时，可以通过【窗口】|【排列】菜单中的"层叠""平铺""在窗口中浮动"等排列方式来改变窗口的显示状态。如果要使某一窗口成为当前窗口，单击该【窗口】或"窗口"菜单中的文件名。如果希望在各窗口循环切换，可用快捷键 Ctrl+Tab 或 Ctrl+F6，如图 2-18 所示。

图 2-18　排列菜单

3. 3 种屏幕模式

Photoshop CS6 中，系统提供了 3 种屏幕显示模式：标准屏幕模式、带菜单栏的全屏模式、全屏模式。这几种模式之间可以切换，切换的方法有两种。方法一：单击工具箱底部的【更改屏幕模式】工具，如图 2-19 所示。方法二：在英文输入状态下，连续按键盘上 F 键切换。

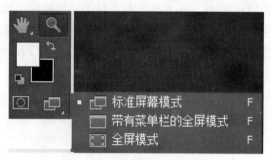

图 2-19　屏幕显示模式

2.4　设置前景色和背景色

学会如何设置颜色，是我们使用绘画工具进行创作工作之前的首要任务。Photoshop 为用户提供了强大的色彩设置功能。本小节就来介绍如何设置颜色。

分别利用【拾色器】对话框、【颜色】面板和【色板】面板设置颜色。

在 Photoshop 中创作图像时，通常使用前景色绘画、填充或描边选区，使用背景色生成渐变填充，并在图像的抹除区域中填充。一些特殊的滤镜也使用前景色和背景色来生成效果。下面我们就来学习如何设置前景色和背景色。

前景色和背景色的图标是位于工具箱下方的方框，如图 2-20 所示。默认情况下，前景色为黑色，背景色为白色。单击■【默认前景色和背景色】按钮，或者按下键盘上的 D 键，即可将前景色和背景色恢复为默认设置。按下 X 键可将前景色和背景色交换。

提示：在蒙版和通道中，默认的前景色与背景色为白色和黑色。关于蒙版和通道，将在后面的章节中进行详细讲解。

在 Photoshop 中，用户可以通过多种方法来设置前景色和背景色。例如可以使用【吸管】工具、【颜色】面板、【色板】面板或【拾色器】对话框来指定前景色或背景色。

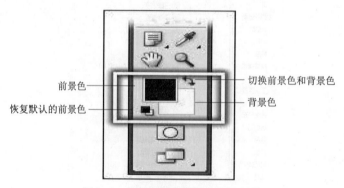

图 2-20　前景色和背景色设置工具

（1）单击前景色或背景色图标，即可弹出【拾色器】对话框，如图 2-21 所示。

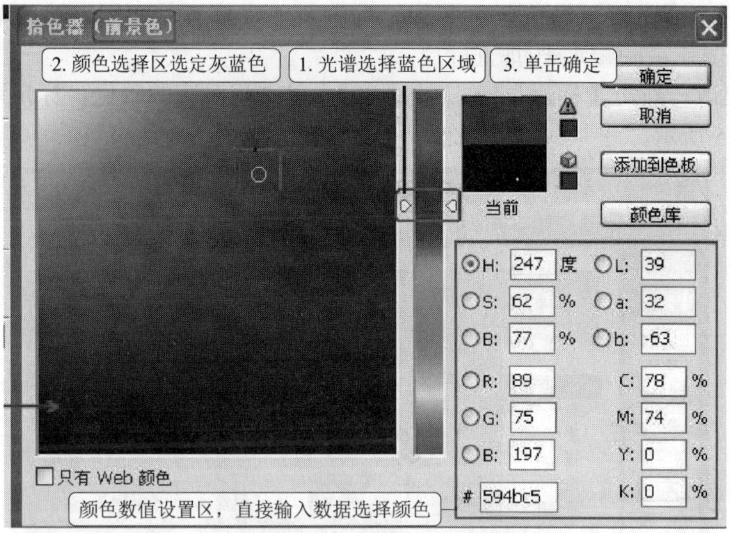

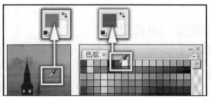

图 2-21　【拾色器】对话框

（2）在【拾色器】对话框中选择所需的颜色，单击【确定】按钮，前景色被改变。

（3）用户还可以使用【吸管】工具在图像或【色板】面板中直接单击，吸取所需的颜色，如图 2-22 所示。

图 2-22　使用【吸管】工具

（4）按下键盘上的 X 键，或者单击工具箱中的 ↘ 【切换前景色和背景色】按钮，即可将前景色和背景色切换，如图 2-23 所示。

（5）另外，在【颜色】面板中，也可以设置前景色和背景色，如图 2-24 所示。

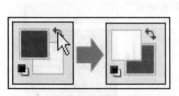

图 2-23　切换前景色和背景色

图 2-24　使用【颜色】面板

2.5　使用辅助工具

为了方便在处理图像时能够精确设置对象的位置和尺寸，系统提供了一些辅助工具，如标尺、参考线、网格等。下面分别讲解它们的使用方法。

1. 标尺

标尺的应用主要是可以精确定位图像。首先新建或打开一幅图，然后单击菜单上【视图】|【标尺】，显示或隐藏水平/垂直标尺。

标尺单位更改：右击【标尺】|【快捷菜单】，单击相对应的单位，标尺单位发生相应的变化，如图 2-25 所示。

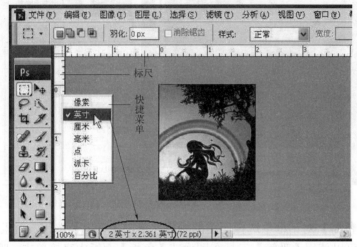

图 2-25　标尺设置

2. 参考线

参考线就是根据标尺，确定某一点位置。

（1）新建参考线：在【视图】菜单下拉菜单【视图】|【新参考线】打开【新建参考线】对话框。在对话框中设置【取向】和【位置】后，单击【确定】按钮可建立一条参考线。

（2）在图像的【水平/垂直】标尺中按住鼠标左键并向图像窗口内拖动，可创建水平或垂直参考线。

（3）利用移动工具，改变参考线的位置。

（4）通过【视图】|【清除】或【锁定】，可清除或锁定参考线。

3. 网格

通过【视图】|【显示】|【网格】设置，如图 2-26 所示。

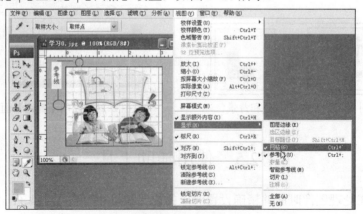

图 2-26　网格设置

2.6　历史记录的功能

历史记录主要用于撤销误操作或保存编辑中的图像状态，使图像编辑工作更加方便、快捷。在进行图像编辑时，每次更改图像时，图像的新状态都会添加到历史记录面板中，如果有一些误操作，或需反复调整某一图像效果，在 Photoshop 中可以用恢复命令或【历史记录】的操作撤销误操作，返回前一工作状态。还可以从当前状态切换到最近的任一操作或图像状态。

1. 历史记录面板

默认历史记录面板不显示，要显示或隐藏历史面板，单击菜单【窗口】|【历史记录】。

图 2-27 为【历史记录】面板，它记录对当前图像所做过的每一步确认的编辑操作，可用于对操作的恢复和撤销，它的作用要优于【编辑】菜单中的【撤销】和【恢复】操作。其主要功能包括：① 记录历史操作；② 恢复多次操作前的状态；③ 建立快照；④ 删除操作。

（1）历史记录面板功能操作。

➤ 快照区：面板上方的缩略图，打开图像时默认创建的快照。单击此缩略图可以恢复到打开时的状态。

➤ 单击历史记录面板中的任一行记录，将撤销该记录之后的所有操作，恢复到图像在该步骤时的状态。

➤ 单击历史记录前面的小方框▢，会出现历史记录画笔标志☑，表示在此位置设置历史记录画笔的来源。即设置该项后，使用历史记录画笔将会使图像恢复到该位置时所处的状态。

图 2-27　【历史记录】面板

（2）历史记录面板功能菜单。

历史记录面板的功能菜单如图 2-28 所示。

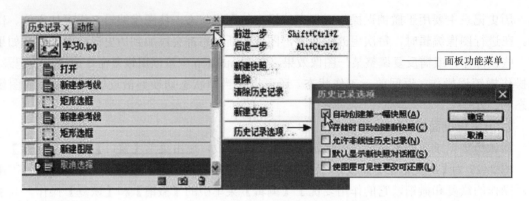

图 2-28 【历史记录】功能菜单

2. 创建和使用快照

（1）快照是图像在任一状态的临时复制。要在工作过程中保留某个状态，就可以建立该状态时的快照。新快照显示在历史记录面板顶部的快照表中，【新建快照】对话框见图 2-29。

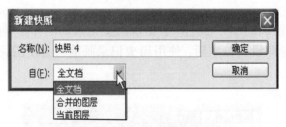

图 2-29 【新建快照】对话框

（2）建立新快照的方法。

➢ 单击历史记录面板下方的照相机图标 。

➢ 单击历史记录面板右上方的图标，在弹出的【历史记录】菜单中单击"新快照"命令。

（3）建立新快照的方式有 3 种。

➢ 全文档：保留当时图像中的全部信息。

➢ 合并的图层：可创建合并图像在该状态时所有图层的快照。

➢ 当前图层：仅创建选中的当前图层的快照。

3. Photoshop CS6 历史记录数设置

Photoshop CS6 的默认历史记录步数是 20，如果需要更改参数，需要打开【编辑】|【首选项】|【性能】对话框，如图 2-30 所示。在窗口右边，通过拖动滑标改变数据，最大可设置成 1 000。

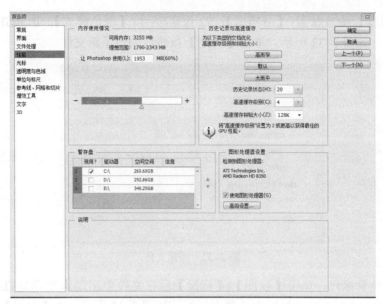

图 2-30　历史记录数设置

2.7　综 合 案 例

合成照片练习

　　本综合案例目的是将前面所学的基础知识做一个综合应用，主要内容有：文件的新建、打开、存储；如何调整图像大小；熟悉前景色、背景色设置；标尺、参考线设置和运用；历史面板和历史画笔的运用。

　　下面通过合成照片来练习前面学习的内容，制作时，首先新建一个文档并导入素材，然后将素材图像分别复制到新建的文件窗口中，最后存储合成的文件。最终效果如图 2-31 所示。这个实例的完成，主要通过以下几个步骤来实现。

图 2-31　最终效果

　　具体操作步骤：

　　（1）双击桌面 Photoshop CS6 的快捷图标启动 Photoshop CS6 后，单击【文件】|【新建】打开【新建】对话框，设置相应参数（【名称】：网站首页；【预设】：选"自定"；【宽度】：

800 像素；【高度】：600 像素；【分辨率】：72 像素/英寸；【颜色模式】：选 RGB 颜色；【背景内容】：白色）。如图 2-32 所示，单击【确定】按钮后创建了新文件。

图 2-32　新建文件

（2）然后设置标尺，单击【视图】|【标尺】后在文件中出现水平和垂直标尺。再单击【视图】|【新建参考线】打开新建参考线对话框。如图 2-33 所示，在【取向】选项中选"水平"，【位置】设为"4 英寸"后，单击【确定】按钮，将在标尺水平位置 4 英寸处显示一条蓝色参考线，同样的方法在 6 英寸处设一条水平参考线。

然后在【取向】面板中选"垂直"选项，位置分别设为 1，4，7，10 英寸，单击【确定】按钮，设置 4 条垂直参考线，如图 2-33 所示。

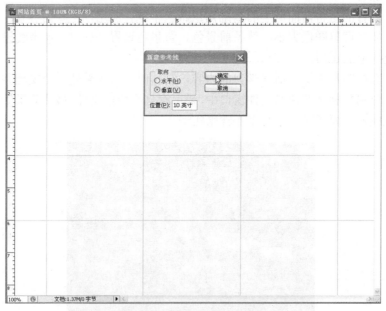

图 2-33　设置标尺和参考线

（3）单击工具箱上的前景色，打开拾色器，选取一种颜色，然后单击【编辑】|【填充】打开对话框，在【使用】下拉选项中选择"前景色"，如图 2-34 所示，单击【确定】按钮，如图 2-35 所示。

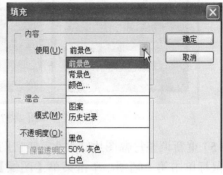

图 2-34　前景色设置和填充

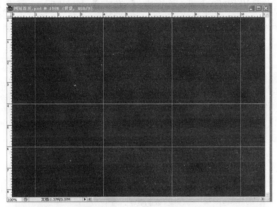

图 2-35　填充前景色

（4）单击【文件】|【打开】出现打开文件对话框，"查找范围"选择素材保存的文件夹，在第 1 章素材文件夹下选择"fj1.jpg"，单击【确定】按钮，即打开文件，如图 2-36 所示。用同样的方法，打开文件"fj2.jpg""fj3.jpg"，如图 2-36 和图 2-37 所示。

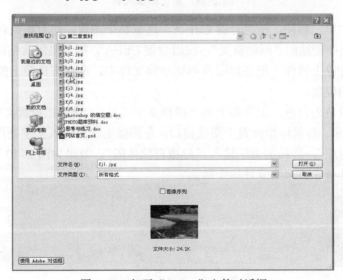

图 2-36　打开"fj1.jpg"文件对话框

图 2-37　打开的三幅图

（5）重新调整每幅图片的大小，使它们与参考线分出的中间的 3 个长方形区域一样大小。首先鼠标单击第一幅图，单击菜单【图像】|【图像大小】或按组合键 Alt+Ctrl+I 打开图像大小对话框，设置对话框各项参数，如图 2-38 所示。单击【确定】按钮，第一幅画就调整好了。依次选中第二幅图，重设图像大小，单击【确定】按钮后，再选第三幅进行设置，高度和宽度输入的数据与第一幅设置相同。

图 2-38　重设图像大小

（6）单击选中第一幅图，按组合键 Ctrl+A，选取整个图像；然后按组合键 Ctrl+C，复制整幅图像；单击选中新建的"网站首页"，按组合键 Ctrl+V，第一幅图就粘贴上了。依次对第二、三幅图像进行以上操作。把三幅图像都粘贴到文件中。选择工具箱上的移动工具，把图片移动到合适的位置。

（7）设置前景色为白色，工具箱上选"横排文字工具"，属性栏设置文字大小为 48 点，效果如图 2-39 所示。将鼠标指针置于图像窗口，在图像上想要输入文字处用鼠标单击，输入文字"度假木屋村庄"。同样的方法输入"健康自然休闲"。效果如图 2-40 所示。

注：文字工具将在后面章节详细介绍。

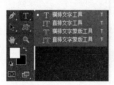

图 2-39　文字工具及属性

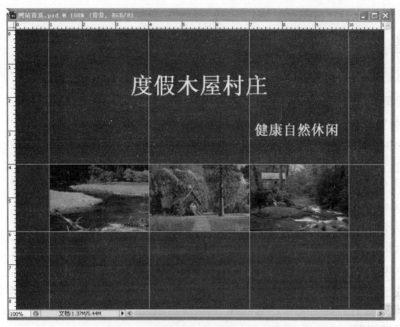

图 2-40　粘贴及文字输入后的效果

（8）简单的一个网站主页设计完成后，单击【文件】|【存储】打开对话框，如图 2-41 所示，在【保存在】文本框中选择文件保存文件夹，文件名选默认，格式选"PSD"。然后单击【保存】按钮。

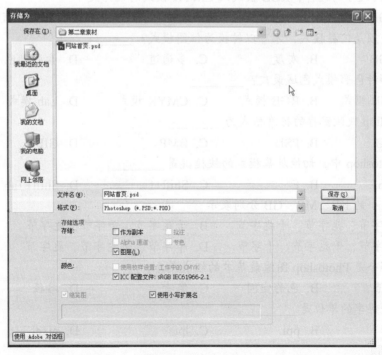

图 2-41　保存文件

思考 **与** 练习

一、填空题

1. 按键盘中的_____键，可以将当前工具箱中的前景色与背景色互换。

2. Photoshop 有许多快捷键的使用，方便大家的操作。其中新建文件的快捷键是_____。

3. 打开文件的快捷键是_____。

4. 存储文件的快捷键是_____。

5. 按组合键_____或_____可使窗口和图像一起缩小或放大。

6. 在 Photoshop 中，在工作界面灰色区域直接双击，可以_____。

7. 在 Photoshop CS6 的工具箱中，系统提供了 4 种屏幕显示模式：_____、_____、_____、_____。在英文输入法状态下，按_____键可在这 4 种模式中快速切换。

8. 要打开最近打开过的文件，可选择_____→_____菜单。

二、单项选择题

1. 关于 RGB 颜色模式描述正确的是_____。

    A. 相同尺寸的文件，RGB 模式比 CMYK 模式的文件小

    B. 相同尺寸的文件，RGB 模式与 CMYK 模式的文件一样大

    C. 相同尺寸的文件，RGB 模式比 CMYK 模式的文件大

    D. RGB 是由光产生的色彩模式，R 代表绿色，G 代表红色，B 代表蓝色

2. 图像必须是何种模式，才可以转换为位图模式？_____

    A. RGB   B. 灰度   C. 多通道   D. 索引颜色

3. 下列哪种色彩模式色域最广？_____

    A. HSB 模式   B. RGB 模式   C. CMYK 模式   D. Lab 模式

4. Photoshop 默认保存的标准格式为_____。

    A. JPG   B. PSD   C. BMP   D. GIF

5. 在 Photoshop 中，切换屏幕模式的快捷键是_____。

    A. Tab   B. F   C. Shift+f   D. Shift+Tab

6. 图像大小的 KB、MB、GB 分别表示_____。

    A. 千字节、兆字节、千兆字节   B. 千兆字节、千字节、兆字节

    C. 兆字节、千兆字节、千字节   D. 千字节、千兆字节、兆字节

7. 下列哪个是 Photoshop 图像最基本的组成单元：_____。

    A. 节点   B. 色彩空间   C. 像素   D. 路径

8. 图像分辨率的单位是_____。

    A. dpi   B. ppi   C. lpi   D. pixel

三、简答题

1. 如何利用【缩放工具】将图像放大或缩小？

2. 简述调整图像大小会对图像的印刷质量分别产生什么影响。

四、操作题

打开本书配套素材"第 2 章素材"文件夹中的两张素材图片"rw1.psd"和"bj1.jpg"文件，利用"移动工具"将"rw1.psd"拖到"bj1.jpg"中，如图 2-42 所示。

"bj1.jpg"　　　　　　　"rw1.psd"　　　　　　　"最终效果图"

图 2-42　素材图和最终效果图

第 3 章

工 具 的 使 用

要想学好 Photoshop CS6 这门课程，必须要学会 Photoshop CS6 的工具。工具是 Photoshop CS6 中最基础的部分，也是 Photoshop CS6 的重要组成部分。

3.1　选 框 工 具

选框工具是一种常用的选区工具，使用它可以创建规则的选区，用于创建四种规则形状的选区工具有：矩形选框工具、椭圆选框工具、单行和单列选框工具，其图标显示如图 3-1 所示。下面分别介绍这四种工具的使用方法。

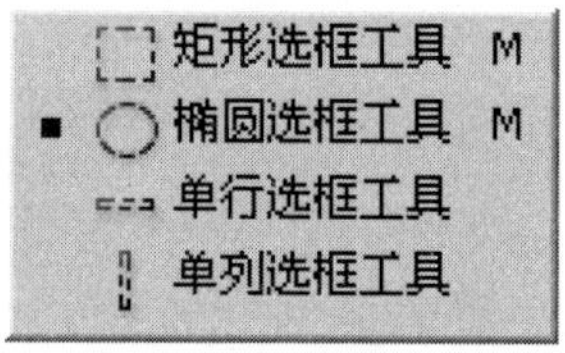

1. 矩形选框工具

矩形选框工具用于在被编辑的图像或图层中创建矩形选区，选

图 3-1　选框工具组

中该工具后，按住鼠标左键在画布中拖动，即可创建。其工具栏属性如图 3-2 所示。

图 3-2　矩形选框工具属性栏

属性栏上的参数含义如下。

（1） 　　　　按钮组：用于控制选区的创建方式，按照图中顺序依次表示：创建一个新的选区；在现有的选区中添加新的选区；从现有的选区中减少选择范围；创建两个选区交叉的区域。

（2）【羽化】：使选区边缘柔化，产生模糊效果。羽化的选择范围在 0～250 像素之间。羽化有向外扩展选择范围，向内收缩选择范围的作用。

（3）【样式】：有正常、固定比例、固定大小三种。用于控制矩形边框比例及大小的产生方式。

2. 椭圆选框工具

用于创建椭圆形和正圆形的选区，其使用方法和工具栏属性与矩形选框工具相似，先设置好工具属性栏，然后按下鼠标左键拖动，释放鼠标后即可得到。如需产生正圆，按住 Shift 键拖拉。勾选【消除锯齿】项，可以防止在创建选区时出现锯齿状不光滑现象，使选区的边缘平滑。当使用矩形选框工具时【消除锯齿】项是不可用的。

3. 单行和单列选框工具

【单行选框工具】：用于在被编辑的图像或图层中创建沿水平方向 1 个像素高度的选区。

【单列选框工具】：用于在被编辑的图像或图层中创建沿垂直方向 1 个像素宽度的选区。

3.2　创建不规则选区

利用选框工具组只能创建规则的几何图形选区，而在实际工作中经常要创建一些不规则的选区，通过套索工具组和魔棒工具组能够创建各种复杂形状的选区。不规则选择工具有三种，其图标如图 3-3 所示。

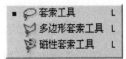

图 3-3　套索工具组

3.2.1　套索工具组

1. 套索工具

用于创建不规则的曲线选区。使用方法是按住鼠标左键进行拖曳，随着鼠标的移动可形成任意形状的选择范围。如果拖动鼠标到起点就会形成一个封闭的选区，若未拖动到起点就释放鼠标，将以直线的方式自动把起点和终点连接起来形成闭合曲线，如图 3-4 所示。

2. 多边形套索工具

用于创建具有直线或折线样式的多边形选区。使用方法是先在图像中单击创建选区的起始点，然后通过拖动鼠标拖曳出直线并连续单击，创建其他直线点，最后双击鼠标可以完成最后一点和第一点的闭合，如图 3-5 所示。

图 3-4　套索工具绘制的选区

图 3-5　多边形套索工具绘制的选区

3. 磁性套索工具

用于在图像中沿图像颜色反差较大的区域绘制选区，在拖曳鼠标的过程中自动捕捉图像中物体的边缘以形成选区。使用方法是按住鼠标左键不放沿图像的轮廓拖曳鼠标，系统自动捕捉图像中颜色反差较大的图像边界自动产生锚点，如图 3-6 所示。当鼠标到达起始点时单击即可完成选区的创建，如图 3-7 所示。

图 3-6　磁性套索工具绘制中产生的锚点

图 3-7　磁性套索工具绘制完成的选区

磁性套索工具的工具栏如图 3-8 所示。

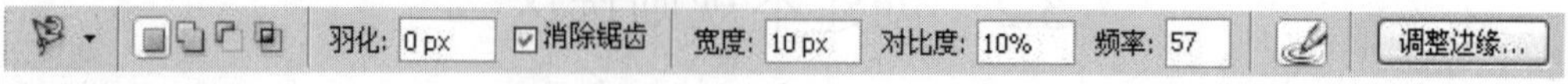

图 3-8　磁性套索工具栏属性

在磁性套索工具栏属性上的参数含义如下：

（1）【宽度】：数值范围是 1～40 px，用于设置选取时的检索的范围，数字越大，寻找的范围就越大。

（2）【对比度】：数值范围 1%～100%，用来设置套索对边缘的敏感度，数字较高时，能够检索到那些和背景对比度非常大的物体边缘；数字较小时，只能检索到低对比度的边缘。

（3）【频率】：数值范围为 0～100，用来设定套索连接点的连接速率或密集程度。频率越高，越能更快地固定选择边缘。

对于图像中边缘不明显的物体，可设定较小的宽度和对比度，跟踪的选择范围会比较准确。

通常来讲，设定较小的宽度和较高的对比度，会得到精细度较高的选择范围；反之，设定较大的宽度和较小的对比度，得到的选择范围会比较粗糙。

3.2.2　魔棒工具组

魔棒工具组中共有 2 种工具，如图 3-9 所示。

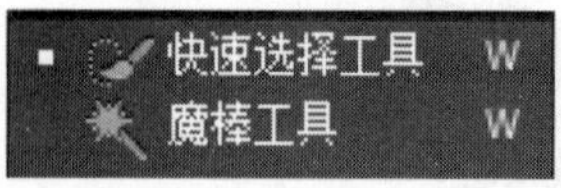

图 3-9　魔棒工具组

1. 魔棒工具

魔棒工具是一种自动选择工具，在处理图像时，当需要选择具有相似颜色的图像时使用它可以实现。其原理是基于图像中相邻像素的颜色近似度进行选取。颜色的近似程度由容差值决定。其工具栏属性如图 3-10 所示

图 3-10　魔棒工具栏属性

在魔棒工具栏属性中的参数。

（1）【容差】：数值范围 0～255，数值越小，选择的颜色值就接近，得到的选区范围就越小，数值越大，则可选择的区域就越大，如图 3-11 所示，容差取值分别为 20，50，100。

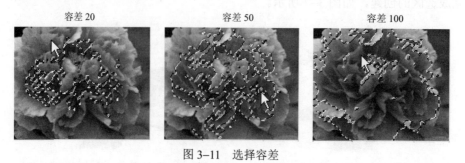

图 3-11　选择容差

（2）【消除锯齿】：选中该复选框可以消除选区边缘的锯齿。

（3）【连续】：选中该复选框表示只选择颜色相近的连续区域，取消该复选框，则会选取所有颜色相近的区域，区域可以不连通。

（4）【对所有图层取样】：当选中该复选框并在任意一个图层上使用魔棒时，则所有图层上与鼠标单击处颜色相似的地方都会被选中。

（5）【取样大小】：有 7 种选择，如图 3-12 所示。

2. 快速选择工具

该工具可以不用任何按键的辅助进行选择，对于选择颜色差异大的图像会非常直观、快捷。使用时按住鼠标左键不放，可以像绘画一样选择选区。

图 3-12　取样大小

3.3　选区的调整与编辑

选区创建后，经常会因为选区形状、大小、平滑程度不同等而需要对选区进行调整和编辑。

3.3.1　修改选区

修改选区是指对选区进行的一些特殊编辑，包括移动、扩展、收缩、增加、平滑等操作。

1. 移动选区

将鼠标移动到选区内，鼠标的指针形状会发生改变，这时按住鼠标左键不放并拖动可实现选区的移动。

使用键盘上的上、下、左、右键，每按一次能将选区向着指定的方向移动 1 像素的距离，按住 Shift 键的同时按一下方向键，可使选区一次移动 10 像素的距离。

2. 增加选区边框

在选区边缘处向外或向内增加一条边框，操作方法如下。

选择【选择】|【修改】|【边界】命令，打开【边界选区】对话框，如图 3-13 所示，在【宽度】中输入一个 1～200 之间的整数，即可为选区添加一个边框，如图 3-14 所示。

图 3-13　【边界选区】对话框

图 3-14　增加了边框的选区

3. 平滑选区

用于消除选区边缘的锯齿，使选区边界显得连续而平滑，操作方法如下。

选择【选择】|【修改】|【平滑】命令，打开【平滑选区】对话框，如图 3-15 所示，在【取样半径】中输入一个 1～100 之间的整数，值越大，选区边界就越光滑。

4. 扩展选区

在原始选区的基础上扩大选区，操作方法如下。

选择【选择】|【修改】|【扩展】命令，打开【扩展选区】对话框，如图 3-16 所示，在【扩展量】中输入一个 1～100 之间的整数，如图 3-17 为扩展前的选区，图 3-18 为扩展后的选区。

图 3-15　【平滑选区】对话框

图 3-16　【扩展选区】对话框

图 3-17　扩展前的选区

图 3-18　扩展 100 像素的选区

5. 收缩选区

使选区向内缩小，操作方法：

选择【选择】|【修改】|【收缩】命令，打开【收缩选区】对话框，如图 3-19 所示，在【收缩量】中输入一个 1～100 之间的整数。如果将图 3-18 收缩 100 像素，即可恢复到如图 3-17 所示。

图 3-19　【收缩选区】对话框

6. 羽化选区

该命令使选区边缘变得平滑，实现填充选区的颜色与背景色自然过渡，操作方法如下。

选择【选择】|【修改】|【羽化】命令，打开【羽化选区】对话框，如图 3-20 所示，在【羽化半径】中输入一个 0～250 之间的数值，单击【确定】即可。羽化半径越大，得到的选区边缘越平滑，如图 3-21 和图 3-22 所示。

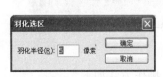

图 3-20　【羽化选区】对话框

图 3-21　羽化半径 0 像素

图 3-22　羽化半径 15 像素

3.3.2 编辑选区

通过各种编辑工具可以实现对选区的缩放、旋转、斜切、扭曲、透视、变形等操作，从而使选区能够满足实际需要。

变换选区操作可以将选区的外形变形，选择【选择】|【变换选区】命令，选区四周出现带有控制点的变换框，如图 3-23 所示。在图像中的任意位置单击鼠标右键，弹出如图 3-24 所示的快捷菜单。

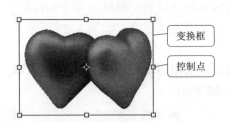

图 3-23 带有变换控制点的选区   图 3-24 变换快捷菜单

1. 缩放选区

在快捷菜单中选择【缩放】命令后，将鼠标指针移动到变换框的任意控制点上，按住鼠标左键不放并拖动，即可实现选区的缩放，如图 3-25 所示。

2. 旋转选区

在快捷菜单中选择【旋转】命令后，将鼠标指针移到变换框之外，按住左键不放并拖动，可使选区按顺时针或逆时针方向绕选区中心旋转，如图 3-26 所示。

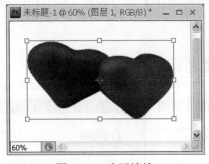

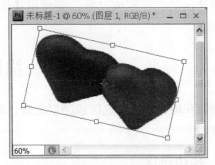

图 3-25 选区缩放   图 3-26 选区旋转

3. 斜切选区

在快捷菜单中选择【斜切】命令后，将鼠标指针移到控制点旁边，按住鼠标左键不放进行拖动即可实现选区的斜切变换，如图 3-27 所示。

4. 扭曲选区

在快捷菜单中选择【扭曲】命令后，将鼠标指针移到控制点上，按住鼠标左键不放进行拖动，即可实现选区的扭曲变换，如图 3-28 所示。

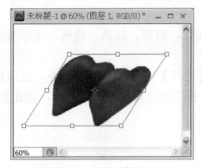 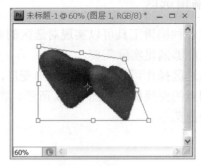

图 3-27　选区斜切　　　　　　　　　图 3-28　选区扭曲

5. 透视选区

在快捷菜单中选择【透视】命令后，将鼠标指针移到变换框的 4 个角控制点上，按住鼠标左键不放进行水平或垂直拖动，即可实现选区的透视变换，如图 3-29 所示。

6. 变形选区

在快捷菜单中选择【变形】命令后，选区内会出现垂直相交的网格线，这时在网格内单击鼠标并拖动可以实现选区的变形，如图 3-30 所示。

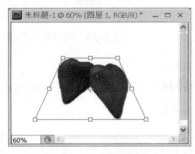 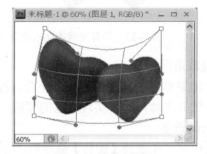

图 3-29　选区透视　　　　　　　　　图 3-30　选区变形

对选区的操作完成以后，要使用【选择】|【取消选区】命令或按 Ctrl+D 组合键来取消选区。

3.4　描边和填充选区

描边和填充用于对选区或图层处理，是编辑图像时常用的操作。

3.4.1　描边选区

选区的描边就是对选区的边框使用某种固定的颜色来填充。操作方法如下。

选择【编辑】|【描边】命令，打开如图 3-31 所示的【描边】对话框，在对话框中设置相应的参数，进行描边。

【描边】对话框中，参数的含义如下。

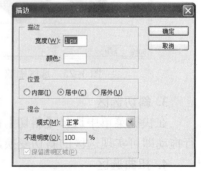

图 3-31　【描边】对话框

①【宽度】：设置描边后生成填充线条的宽度，值在 1～250 之间。不同的宽度描边后的效果如图 3-32、图 3-33 所示。

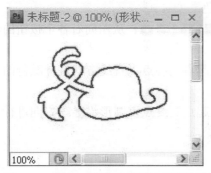

图 3-32　使用 2 像素宽度描边后的效果　　　　图 3-33　使用 6 像素宽度描边后的效果

②【颜色】：用于设置描边的颜色。

③【位置】：设置描边的位置，内部单选项表示在选区边框以内进行描边；居中单选项表示以选区边框为中心进行描边；居外单选项表示在选区边框以外进行描边。

④【混合】：设置描边后颜色的着色模式和不透明度。

⑤【保留透明区域】：选中该项后，进行描边时将不会影响原图层中的透明区域。

3.4.2　填充选区

填充命令可以为指定的选区填入颜色或图案。操作方法如下。

选择【编辑】|【填充】命令，打开如图 3-34 所示的【填充】对话框，在对话框中设置相应的参数，进行填充。

【填充】对话框中，参数的含义如下。

①【内容】：设置选区要填充的内容，可以使用前景色、背景色、自定义颜色、图案等填充。

②【混合】：用于设置不透明度和色彩混合模式。

③【保留透明区域】：用于填充时，保留图层中的透明部分不进行填充，该选项只对透明图层有效。

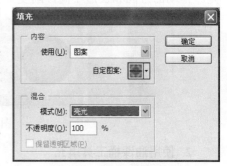

图 3-34　【填充】对话框

3.4.3　渐变工具组填充的方式

1. 使用渐变工具

渐变工具能够将两种及两种以上的颜色，以色彩渐变过渡的方式来填充区域。单击工具箱上的渐变工具，其工具属性栏如图 3-35 所示。

图 3-35　渐变工具的属性栏

工具栏上的各个选项含义如下。

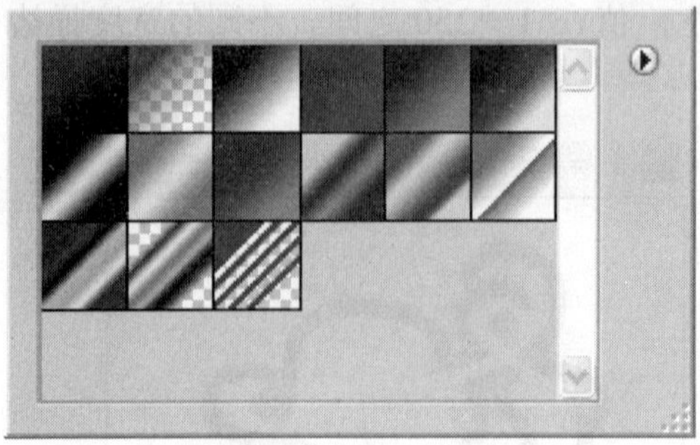

图 3–36　渐变工具面板

（1）▇▾：单击其后面的按钮，打开如图3–36所示的渐变工具面板，从面板上选择填充渐变的颜色。

（2）▢▢▢▢▢：从左向右各个按钮的作用如下。

① 从起点到终点以直线方向进行颜色的线性渐变。

② 从起点到终点以圆形沿半径方向进行颜色的径向渐变。

③ 围绕起点按顺时针方向进行颜色的角度渐变。

④ 在起点两侧进行颜色的对称渐变。

⑤ 从起点向外侧以菱形方式进行颜色的菱形渐变。

（3）【模式】：用于设置填充的渐变颜色与其下面的图像如何进行混合。

（4）【不透明度】：用于设置填充渐变颜色的透明程度。

（5）【反向】：选中该项，掉转了渐变方向，产生的渐变颜色与设置的渐变顺序相反。

（6）【仿色】：选中该项，使渐变色彩过渡更加平滑。

（7）【透明区域】：选中该项，能使渐变色中的透明设定生效。

上述参数设定完成后，定位起点，单击鼠标并拖动到终点后释放鼠标，即可进行渐变填充。拖动的方向和长短不同，渐变效果也不同。图 3–37 所示是 5 种渐变效果图。

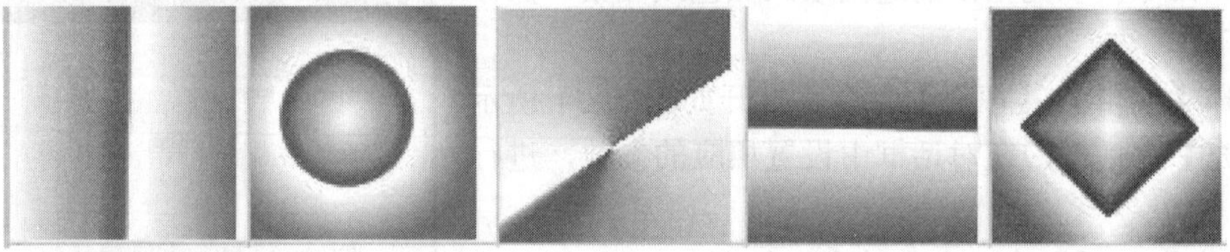

图 3–37　5 种渐变效果图

2. 使用油漆桶工具填充

用来对图像的可选区域进行颜色和图案的填充。单击工具箱上的油漆桶工具🪣，其工具属性栏如图 3–38 所示。

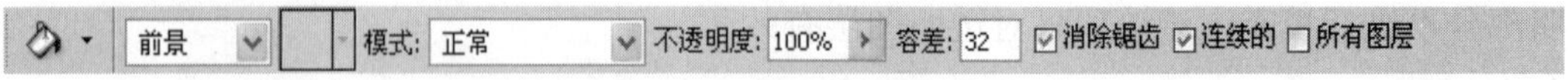

图 3–38　油漆桶工具属性栏

工具栏上的各个选项含义如下。

① 前景▾：填充的内容可以是前景色或是图案。

②【容差】：设置填充时的色彩范围 0～255，值越大范围越大。

③【消除锯齿】：选中该项，填充图像后的边缘会变得平滑。

④【连续的】：选中该项，填充与单击处颜色一致且连续的区域。

⑤【所有图层】：选中该项，将对所有可见图层有效。

上述参数设定完成后，在选定的区域单击鼠标，即可完成油漆桶填充的操作过程。

3.5　移动工具

移动工具可以将选区或图层移动到同一图像的新位置或其他图像中。移动工具既可以对整幅图像进行移动操作，也可以只移动图像中选取的部分内容。

3.5.1　图层中的图像移动

1. 整体移动图像

在当前选定的图层上，将图像从一个地方移动到另一个地方。首先要选择好准备移动的图像，确保移动工具 作为当前工具，然后在选取的图像上按住鼠标左键并拖到目标位置后，放开鼠标即可。

2. 局部移动图像

局部移动就是对整个图像中的部分图像进行移动，应先使用选取工具在图像中创建选区，然后利用移动工具完成操作。

无论是整体移动还是部分移动图像，如果在移动的同时按住 Alt 键能够实现图像之间的复制。

3.5.2　文件之间图像的移动

在 Photoshop 中同时打开准备进行图像移动的文件，可以是两个或两个以上的文件，选择要复制的图像所在的图层，既可以选中图层上的全部图像，也可以选择图层上的部分图像，通过移动工具 拖动图像从一个文件窗口到另一个文件窗口，然后释放鼠标，从而实现文件之间图像的移动。

3.5.3　案例应用

我们通过一个简单的实例，认识和理解移动工具的使用方法。

（1）先把图 3-39 打开。

（2）使用之前学的【磁性套索工具】把花选出来，如图 3-40 所示。

图 3-39　原图　　　　　　　　　　　图 3-40　创建选区

（3）在工具箱中选择移动工具，如图 3-41 所示。

（4）将光标移动到选区，拖动鼠标左键，将图形移动到新的位置。移动所选择的区域之后，露出了白色的背景色，如图 3-42 所示。

图 3-41　选择移动工具

图 3-42　移动所选择的区域后

（5）此时，再使用移动工具时，需要同时按下 Alt 键，被选择的部分不会露出背景色，而是对所选领域的图片进行复制移动，如图 3-43 所示。

（6）在使用这种移动工具时，如果持续按下键盘中的 Shift 按钮，即可准确地向垂直、水平，以及对角线方向移动。

（7）最后按 Ctrl+D 取消选区，如图 3-44 所示。

图 3-43　对选区复制的图片移动

图 3-44　最终效果图

3.6　绘制图像工具

Photoshop 在工具箱中提供了画笔工具、铅笔工具、形状工具等多种绘制图像的工具，使用这些工具可以画出丰富多彩的各种图像。

3.6.1　画笔工具

画笔工具既可以绘制出边缘柔和的线条，也可以画出特殊的效果图像。

单击工具箱上的画笔工具 ，其工具属性栏如图 3-45 所示。

图 3-45　画笔工具属性栏

工具栏上的各个选项含义如下。

：设置笔头的大小和样式。单击其右侧的按钮，打开如图 3-46 所示【画笔预设】选取器。

①【大小】：设置画笔笔头的大小，可在右侧的数值框中输入数值，也可以拖动滑动条上的滑块来设置。

②【硬度】：设置画笔边缘的晕化程度，产生湿边效果，值越小，晕化越明显。

③【画笔样式列表框】：设置画笔笔头样式。

按钮：单击切换画笔面板，如图 3-47 所示。

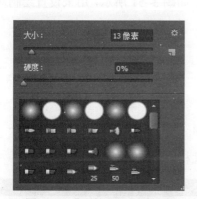

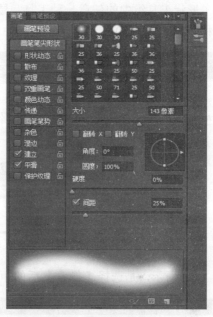

图 3-46 【画笔预设】选取器　　　　　图 3-47 画笔面板

在此面板可以进一步对画笔进行设置，包括画笔笔尖形状、形状动态、散布、颜色动态等。

①【模式】：设置当前使用的绘图颜色如何与图像原有的底色进行混合。

②【不透明度】：设置画笔颜色的透明度，范围 1%～100%，值越大，不透明度越高。

③【流量】：设置绘图时颜色的压力程度，值越大，画笔笔触越浓。

按钮：单击该按钮可以将画笔工具切换为喷枪工具进行绘图，画出比较柔和的线条。

在上述参数设置完成后，将鼠标指针移动到图像编辑区中单击或按住左键不放进行拖动就可以使用前景色绘制图像。

3.6.2 铅笔工具

铅笔工具与画笔工具的设置和使用方法相似，其工具栏属性如图 3-48 所示。

图 3-48 铅笔工具属性栏

其参数的设置与画笔工具一样，但是它增加了"自动抹除"参数。当选中该参数时，铅笔工具具有擦除功能，即在绘制过程当中笔头经过与前景色一致的图像区域时，自动擦除前景色而填入背景色。

3.6.3　形状工具组

使用形状工具组能够绘制矩形、圆角矩形、椭圆、多边形、直线等规则的几何形状，还能绘制出自定义的几何形状。形状工具组如图 3-49 所示。

图 3-49　形状工具组

单击形状工具组中的任意一种工具，显示的形状工具属性栏命令按钮基本相同，如图 3-50 所示矩形工具属性栏。

图 3-50　矩形工具属性栏

任何一种形状工具的属性栏上都有 3 个绘制选项，如图 3-51 所示，用来设置绘制对象的类型，分别是形状、路径、像素。

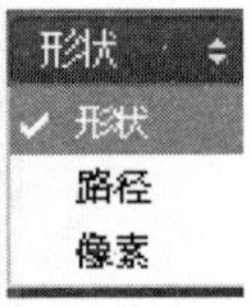

图 3-51　绘制选项

图 3-52 所示，是选择【像素】后的矩形工具属性栏。

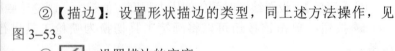

图 3-52　选择【像素】后的矩形工具属性栏

1. 矩形工具

用于绘制矩形形状，其属性工具栏（如图 3-50 所示）的参数含义如下。

① 【填充】：用来为创建后的形状设置填充的类型，单击其后面的按钮从列表框中选择一种需要的样式，如图 3-53 所示。

② 【描边】：设置形状描边的类型，同上述方法操作，见图 3-53。

③ ⬛：设置描边的宽度。

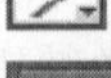

④ ⬛：设置描边的类型。

⑤ ⬛：设置形状的高度、宽度。

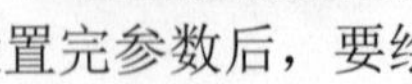

设置完参数后，要绘制矩形，在图像编辑区域按下鼠标左键拖动即可。

2. 圆角矩形工具

其属性栏与矩形工具属性栏相似，只是增加了一个"半径"数值框。可以用它来设置圆角矩形的圆角半径大小，值越大，圆

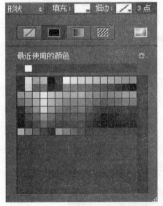

图 3-53　填充类型列表框

角的弧度也越大，如图 3-54 所示为不同半径值绘制出的圆角矩形效果图。

图 3-54　不同半径值绘制的圆角矩形效果图

3. 椭圆工具

使用它能在图像区域中绘制出不同形状的椭圆，使用方法与矩形工具一样。

4. 多边形工具

使用它能够绘制出不同边数的多边形。其属性工具栏如图 3-55 所示。

图 3-55　多边形工具属性栏

在属性栏中输入不同的"边数"，会得到不同的多边形效果图，如图 3-56 所示.

图 3-56　不同边数绘制的多边形效果图

5. 直线工具

用于绘制不同粗细的直线，其属性工具栏如图 3-57 所示。

图 3-57　直线工具属性栏

要绘制直线形状，在【粗细】栏中先设置好线的粗细，拖动鼠标即可。

6. 自定义形状工具

其属性工具栏如图 3-58 所示。

图 3-58　自定义形状工具属性栏

属性栏中有【形状】下拉列表框，单击其右侧的按钮，弹出如图 3-59 所示的【形状】下拉列表框。

从【形状】下拉列表框中选择不同的形状绘制的效果图如图 3-60 所示。

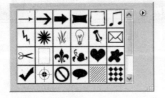

图 3-59　【形状】下拉列表框　　　　　图 3-60　自定义形状绘制的效果图

3.7　图　章　工　具

图章工具是用来复制或替换图像的一种图形复制工具,利用这种工具,可以使用颜色或图案填充图像或选区,包括仿制图章工具和图案图章工具两种,如图 3-61 所示。

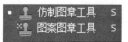

图 3-61　图章工具组

3.7.1　仿制图章工具

仿制图章工具使用时,需要先从源图像中取样,然后再将取样复制到同一图像的不同位置或其他图像的窗口中,仿制图章的工具属性栏如图 3-62 所示。

图 3-62　仿制图章工具属性栏

属性栏上的参数含义如下。
①【画笔】:选择画笔的样式。
②【模式】:选择颜色的混合模式。
③【不透明度】:设置复制图像的不透明度。
④【流量】:绘图时墨水的流畅程度。
⑤【对齐】:选中该项,复制将始终与取样保持对齐。复制中断后再次复制会接着前面未复制完成的图像继续复制;如果不选中该项,复制过程中断后,再次复制将重新复制,与前一次复制的图像无关。
⑥【样本】:设置用来取样的图层。可以从所有图层中取样。

设置完成上述参数后,使用仿制图章工具的操作方法如下。
● 在工具箱中选择仿制图章工具,定位光标到图像中要复制的位置。
● 按下 Alt 键,单击鼠标进行定点取样。
● 释放 Alt 键,将光标移动要复制的位置,按下鼠标拖动即可完成复制操作。图 3-63为复制前取样图像,图 3-64 为复制后图像。

图 3-63　复制前取样图像

图 3-64　复制后图像

3.7.2　图案图章工具

图案图章工具的使用方法和仿制图章工具基本相同,但图案图章工具复制的图像是程序给出的图案或用户自定义的图案，图案图章工具的属性栏如图 3-65 所示。

图 3-65　图案图章工具属性栏

使用图案图章工具时，单击属性工具栏上的■按钮，在弹出的图案列表框中选择需要的图案进行复制，也可以将现有的图案或图案中一部分定义为图案进行复制。

使用自定义图案的操作方法如下。

① 打开一个图像文件，用选择工具选取需要定义为图案的部分。

② 单击菜单【编辑】|【定义图案】命令，在弹出的【图案名称】对话框中定义名称，为图案命名。

③ 选择图案图章工具，选取定义好的图案，在要复制的图像窗口中拖动鼠标即可进行复制操作。图 3-66 为自定义图案图像，图 3-67 为使用自定义图案复制后图像。

图 3-66　自定义图案图像

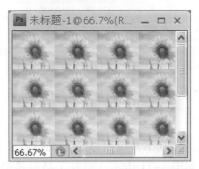

图 3-67　使用自定义图案复制后图像

3.8　历史记录工具

如果图像在某个阶段操作出现失误时，【历史记录】工具组是用来撤销错误操作的，以恢复图像原来的效果。该工具组由【历史记录】画笔工具和【历史记录】艺术画笔工具组成。

3.8.1　历史记录画笔工具

【历史记录】画笔工具 ，用它可以很方便地恢复图像，以及恢复到图像处理过程中的某一步效果，该工具要配合【历史记录】面板使用，如图 3-68 所示。

使用【历史记录】画笔工具 的操作方法如下。

① 选择一个执行编辑操作后的文件。

② 在【历史记录】面板中，设置好还原点，此时在项目左侧的方格中将出现一个【历史记录】画笔的图标，如图 3-68 所示。

③ 选择【历史记录】画笔工具，在属性栏中进行参数设置。

图 3-68　【历史记录】面板

④ 按住鼠标左键不放，在图像中需要恢复的位置处拖动，鼠标经过之处即会恢复为图像的原貌，而图像中未被修改过的区域保持不变。

3.8.2 历史记录艺术画笔工具

【历史记录】艺术画笔工具 在功能上类似于【历史记录】画笔工具，其操作方法与【历史记录】画笔工具相似。不同点在于，【历史记录】艺术画笔工具的属性栏增加了一个【样式】下拉列表框，可根据需要选择一种艺术样式，图3-69是原图，图3-70是选择了绷紧卷曲样式的效果图。

图3-69　原图   图3-70　使用了绷紧卷曲样式的效果图

3.9 修 复 工 具

使用修复工具组可以轻松地修复图像中的污点、划痕和红眼等瑕疵，如图3-71所示，修复工具组是由污点修复画笔工具、修复画笔工具、修补工具、内容感知移动工具和红眼工具组成的。

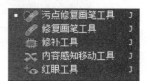

3.9.1 污点修复画笔工具

图3-71　修复工具组

该工具用来修复图像中出现的污点，其工具属性栏如图3-72所示。

图3-72　污点修复画笔工具属性栏

参数含义如下。

①【画笔】：用来设置画笔大小和样式。

②【模式】：用来设置绘制后生成图像与底色之间的混合模式。

③【类型】：用来设置在修复过程中采用何种修复类型，选中【近似匹配】单选项，系统将根据当前图像周围的像素进行污点修复；选中【创建纹理】单选项，系统将根据当前图像周围的纹理自动创建一种相似的纹理进行修复。选中【内容识别】单选项，系统会通过自动识别功能修复当前图像。

④ 对所有图层取样：选中该项将从所有可见图层中对数据取样。

设置完参数后，只需单击图像中污点所在的位置即可，修复后的图像区域会不留痕迹地融入到周围图像中。图3-73是准备修的原图，图3-74和图3-75是修复后的图像。

图 3-73　原图

图 3-74　近似匹配修复的图像

图 3-75　创建纹理修复的图像

3.9.2　修复画笔工具

修复画笔工具可以使画面中的瑕疵轻松地融入周围的图像中。它与仿制图章工具的使用有相似之处，此工具在修复之前要先取样，然后再用取样的图像去修复，其属性工具栏如图 3-76 所示。

图 3-76　修复画笔工具属性栏

参数含义如下。

①【源】：当选中【取样】单选项时，修复图像前，需要先定位取样点，取样点来源于当前图像，修复过程中以取样点的像素来修复。

当选中【图案】单选项时，修复图像是按照【图案】下拉列表框中选定的图案内容来修复的。

②【对齐】：当选中该项时，将以同一基准点对齐，即使多次复制图像，复制出来的图像仍然是同一幅图像；若不选该项，则多次复制出来的图像是多幅以基准点为模板的相同图像。

操作方法如下。

- 打开要修复的图像。
- 选取修复画笔工具，在属性工具栏中设置参数。
- 将鼠标指针移动到图像取样处，按下 Alt 键，单击设置取样点。
- 在需要修复的图像部分拖动鼠标进行修复。

修复后的图像区域会与周围区域有机地融合在一起。

在选取【图案】样式修复图像时只改变修复区域图像的图案而不改变图像本身的色调。

3.9.3　修补工具

修补工具是一种很实用的修复工具，它可以用其他区域或图案中的像素来修复选中的区域，其属性工具栏如图 3-77 所示。

图 3-77　修补工具属性栏

参数含义如下。

①【源】：先选取要修补的图像的区域，然后拖曳这个区域到图像上用于取样的区域进行修复。

②【目标】：与【源】相反，先在图像上选取一块用来覆盖被修复区域的范围，然后拖曳这一范围到要修复的区域上进行修复。

③【图案】：先选择一块要填充的区域，然后在【图案】下拉列表框中选取一种图案，单击属性工具栏上的【图案】按钮即可。

操作方法如下。

● 打开要修复的图像。

● 选取修补工具，在属性工具栏中设置参数，选择一种【修补】方式修复图像。

● 拖动鼠标后，系统会自动进行修复。

3.9.4　内容感知移动工具

内容感知移动工具有两大作用：移动与复制。

（1）感知移动功能：这个功能主要是用来移动图片中主体，并随意放置到合适的位置。移动后的空隙位置，Photoshop 会智能修复。

（2）快速复制：选取想要复制的部分，移到其他需要的位置就可以实现复制，复制后的边缘会自动柔化处理，跟周围环境融合。

内容感知移动工具属性栏如图 3-78 所示。

图 3-78　内容感知移动工具属性栏

参数含义如下。

（1）【模式】：有【移动】与【扩展】选项。

①【移动】：移动选项的作用是剪切与粘贴。

②【扩展】：扩展选项的作用是复制与粘贴。

（2）【适应】：适应选项的作用是指对移动目标边缘与周围环境融合程度的控制，即控制融合程度的强度。具体选项如图 3-79 所示。

图 3-79　【适应】选项

下面利用实例来分别说明。

1.【移动】作用

【移动】作用有两种，一种是用于单纯的移动，另一种是用于移除。

（1）【移动】。

① 打开【素材】fj1.jpeg，如图 3-80 所示。

② 选择工具栏的【内容感知移动工具】，在【工具属性栏】设置【模式】为【移动】，设置【适应】为【非常严格】。然后，按住鼠标左键拖动光标，在要移动的图像（房子）轮廓周围画线，当所画线条首尾衔接时便会形成【选区】，如图 3-81 所示。

③ 用光标指向【选区】，按住鼠标左键【拖动】选区，移动到一定的地方以后放开鼠标

左键。按快捷键 Ctrl+D 取消选区。房子移动到了新的位置，如图 3-82 所示。

图 3-80　素材图

图 3-81　形成【选区】

图 3-82　移动后的效果

（2）【移除】。

① 打开【素材】fj1.jpeg，如图 3-80 所示。

② 选择工具栏的【内容感知移动工具】，在【工具属性栏】设置【模式】为【移动】，设置【适应】为【非常严格】。然后，按住鼠标左键拖动光标，在要消除的图像（房子）轮廓周围画线，当所画线条首尾衔接时便会形成【选区】，如图 3-81 所示。

③ 选择【编辑】|【填充】命令，打开【填充】对话框。单击【使用】一栏的小三角形按钮，在下拉列表中选择【内容识别】，如图 3-83 所示，单击【确定】按钮。稍候会弹出【进程】方框，待【填充】进程完毕，要消除的图像就会消除。按快捷键 Ctrl+D 取消选区，完成效果如图 3-84 所示。

图 3-83　【填充】对话框

图 3-84　移除后的效果

图 3-85　复制后的效果

2.【复制】作用

① 打开【素材】fj1.jpeg，如图 3-80 所示。

② 选择工具栏的【内容感知移动工具】，在【工具属性栏】设置【模式】为【扩展】，设置【适应】为【非常严格】。然后，按住鼠标左键拖动光标，在要消除的图像（房子）轮廓周围画线，当所画线条首尾衔接时便会形成【选区】，如图 3-81 所示。

③ 用光标指向【选区】，按住鼠标左键拖动【选区】，拖动到一定的地方以后放开鼠标左键。此步骤可以执行多次，如图 3-85 所示为执行两次后的效果。

3.9.5　红眼工具

使用红眼工具可以移去照片人物眼睛中由于闪光灯引发的红色、白色或绿色反光斑点，其工具属性栏如图 3-86 所示。

图 3-86　红眼工具属性栏

参数含义如下。

【瞳孔大小】：用于设置瞳孔（眼睛暗色的中心）的大小。

【变暗量】：用于设置瞳孔的暗度。

操作比较简单，设置好属性工具栏的参数后，直接将鼠标指针移动到眼睛的斑点上，单击鼠标左键，就可去掉斑点。

3.10　调 整 工 具

使用调整工具可以将图像制作得更加完美，更富有创造性和艺术性。常用的调整工具包括减淡工具组和模糊工具组。

3.10.1　减淡工具组

减淡工具组包含的工具如图 3-87 所示。

其中减淡工具可以减淡图像颜色；加深工具可以加深图像颜色；海绵工具可以调整图像的颜色和饱和度，下面分别介绍。

图 3-87　减淡工具组

1. 减淡工具

减淡工具可以提高图像的亮度，其工具栏如图 3-88 所示。

图 3-88　减淡工具属性栏

参数含义如下。

①【范围】：用于设置图像颜色提高亮度的范围，在它的列表框中包含 3 个选项。

➢ 阴影：只更改图像中颜色较暗的区域。

➢ 中间调：更改图像中颜色区域在暗色和亮色之间的区域。

➢ 高光：只更改图像中颜色较亮的区域。

②【曝光度】：用来设置应用工具的力度，值越大，效果越明显。

设置完参数后，只需在图像中连续单击鼠标即可完成对图像的减淡处理。图 3-89 为原图，图 3-90 为用减淡工具处理过的图像。

　　　　图 3-89　原图　　　　　　　　　　　　　图 3-90　减淡效果

2. 加深工具

加深工具与减淡工具的作用相反，它使图像变得暗淡，通常用来加深图像阴影，其参数设置方法与减淡工具一样。

图 3-91 为原图，图 3-92 为用加深工具处理过的图像。

　　　　图 3-91　原图　　　　　　　　　　　　　图 3-92　加深效果

3. 海绵工具

海绵工具可以提高或降低图像的色彩饱和度，产生像海绵吸水一样的效果，从而使图像失去光泽感，其工具栏如图 3-93 所示。

图 3-93　海绵工具属性栏

参数含义如下。

①【模式】：设置增加或降低图像的饱和度，其有两个选项：

➢ 降低饱和度：降低图像颜色的饱和度，使图像中的灰度色调增加。

➤ 饱和：提高图像颜色的饱和度，使图像中的灰度色调减少。

② 【流量】：设置应用工具的力度。

图 3-94 为原图，图 3-95 为降低饱和度图像，图 3-96 为提高饱和度图像。

 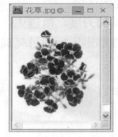 

　　图 3-94　原图　　　　　图 3-95　降低饱和度图像　　　图 3-96　提高饱和度图像

3.10.2　模糊工具组

模糊工具组包含的工具如图 3-97 所示。

使用模糊工具组修饰图像，其效果各有所长，下面分别介绍。

1. 模糊工具

模糊工具可以把图像的边缘处理得更加柔和，其工具属性栏如图 3-98 所示。

　　　　　　　　　　图 3-98　模糊工具属性栏

参数含义如下。

① 【模式】：设置颜色的混合模式。

② 【强度】：设置工具着色的力度，值越大，模糊的效果就越明显，范围 1%～100%。

③ 【对所有图层取样】：选中该项，将作用于所有图层，否则只作用于当前图层。

上述参数设置完成后，在图像中需要模糊的区域按住鼠标左键不放进行拖动，即可实现模糊处理。

2. 锐化工具

锐化工具可以提高图像的清晰度，使图像的边缘更加清晰，其作用与模糊工具相反，使用方法一样。

图 3-99 所示为原图，图 3-100 所示为应用模糊后的图像，图 3-101 所示为应用锐化后的图像。

　　图 3-99　原图　　　　　图 3-100　模糊后图像　　　　图 3-101　锐化后图像

3. 涂抹工具

涂抹工具可以使图像中的颜色产生流动的效果，其工具属性栏如图 3-102 所示。

图 3-102　涂抹工具属性栏

其工具属性栏参数与模糊工具属性栏相比多了一项【手指绘画】，当选中该项时，可以设定涂抹色彩，涂抹工具将使用前景色在每一笔的开始处进行涂抹；不选此项，涂抹工具使用起点处的颜色进行涂抹。

3.11　纠错工具

纠错工具组中包含 3 种类型的工具，分别是橡皮擦工具、背景橡皮擦工具和魔术橡皮擦工具，图 3-103 所示为纠错工具组。

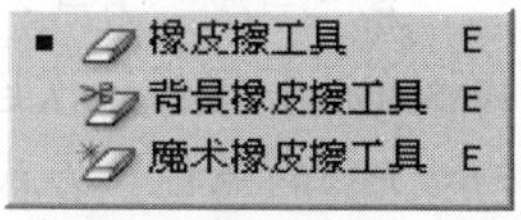

■ ✐ 橡皮擦工具	E
✎ 背景橡皮擦工具	E
✎ 魔术橡皮擦工具	E

图 3-103　纠错工具组

3.11.1　橡皮擦工具

该工具与我们平时使用的橡皮相似，可以用来擦去图像中的图案和颜色，其工具属性栏如图 3-104 所示。

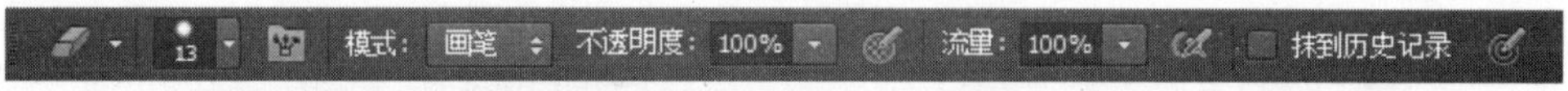

图 3-104　橡皮擦工具属性栏

参数含义如下。

①【模式】：设置橡皮擦的笔触形状，包含 3 个选项 "画笔" "铅笔" "块"。

②【抹到历史记录】：选中该项时，被擦拭的区域将以设定的模式恢复到最近一次存盘，或【历史记录】面板中选中的状态。

实例操作。请使用 "橡皮擦工具"，将一幅图像文件全部填充为白色，然后再恢复出图像的原貌。

操作步骤如下。

● 打开一幅图像文件。

● 将前景色设置为白色，按 Alt+Delete 键将图像全部填充为白色。

● 选择 "橡皮擦工具"，在工具属性栏中设置好相应的参数，选中【抹到历史记录】一项。

● 在图像中拖动鼠标进行擦除，鼠标经过的地方，图像恢复出原貌。

3.11.2　背景橡皮擦工具

该工具可以有选择地擦除图像内容，使用时，首先要指定一种需要擦除的背景色，其工具属性栏如图 3-105 所示。

图 3-105　背景橡皮擦工具属性栏

参数含义如下。

① 【限制】：用于设置擦除边界的方式，包含 3 种方式。

➤ "不连续"方式：将图层上所有取样颜色擦拭删除。

➤ "连续"方式：只将与擦拭区域相连的颜色擦拭删除。

➤ "查找边缘"方式：可以擦除包含取样颜色的连续区域，同时更好地保留形状边缘的锐化程度。

② 【容差】：用来设置擦除图像或选取的容差范围。数值越大，擦除的颜色范围越大。

③ 【保护前景色】：选中该项，可以使与前景色相同的区域不被擦除。

④ 取样按钮组 ：用于设置所要擦除颜色的取样方式，包含 3 种方式。

➤ "连续"方式：在擦除时随着鼠标的移动不断取样颜色，背景色也相应地变化，鼠标经过的地方取样的颜色会被擦除。

➤ "一次"方式：以鼠标第一次单击的地方为取样颜色，然后取同样颜色的部分擦除，每次单击只能做一次连续的擦除。

➤ "背景色"方式：擦除与背景色相同或相近的色彩范围。

实例操作如下。

请使用"背景色橡皮擦"工具，创建图像效果。

要求将第 1 幅图（图 3-106）的两颗心移动到第 2 幅图（图 3-107）的小狗的面部，再使用"背景色橡皮擦"工具，露出被心挡住的图案。

图 3-106　原图 1　　　　　　　　　　图 3-107　原图 2

操作步骤如下。

（1）打开上面两幅图片。

（2）选取双心，利用工具箱中的"移动工具"，将双心拖动复制到小狗窗口中。

（3）选取"吸管工具"，按住 Alt 键，在双心上单击，将双心的颜色设置成为背景色。

（4）从纠错工具组中选择"背景橡皮擦工具"，取样方式设置为"背景色板"，在小狗面部拖动鼠标进行擦除，与选取颜色相同的像素被擦掉，露出下面的图案，而其他颜色的区域不受影响。

3.11.3　魔术橡皮擦工具

魔术橡皮擦工具实际上就是魔棒工具与背景橡皮擦工具的结合，它与魔棒工具相似，使用该工具时，相同颜色区域将被擦掉而变成透明的区域。

3.12 文 字 工 具

Photoshop 在图像处理过程中，文字起着非常重要的作用，文字也是构成图像的重要元素之一，Photoshop 除了具有强大的图像处理功能外，也具有非常方便的文本编辑功能。下面介绍在 Photoshop 中文字的操作和应用。

3.12.1 输入文字的方法

文字的输入通过使用文字工具实现，如图 3-108 所示的文字工具组中包含了横排文字工具、直排文字工具、横排文字蒙版工具和直排文字蒙版工具。

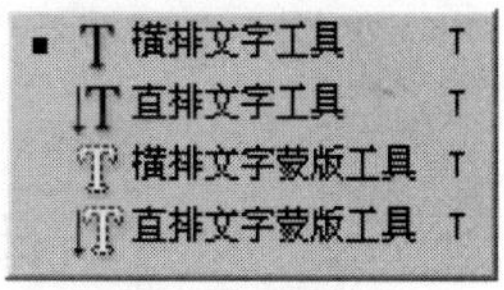

图 3-108 文字工具组

1. 输入横排或直排文字

当选择了文字工具组中的"横排或直排文字工具"时，其工具属性栏如图 3-109 所示。

图 3-109 横排文字属性工具栏

参数含义如下。

① **T** 按钮：用于改变文字的排列方向，单击该按钮可以将文字的排列方向转换成垂直或水平方向。

② 华文隶书 ：用于设置文字的字体。单击其右侧的按钮，从弹出的下拉列表中可以选择所需的字体。

③ ■■■ ：用于设置文字使用的字体形态。只有选中某些具有该属性的字体后，才能激活该列表框。

④ 72点 ：用于设置文字的大小。单击其右侧的按钮，在弹出的下拉列表框中可以选择字体大小。

⑤ 浑厚 ：用于设置消除文字锯齿。有 5 个选项，分别是无、锐利、犀利、浑厚和平滑。

⑥ ■■■ ：用于设置段落文字的排列方式。

⑦ ■ ：用于设置文字的颜色。

⑧ ⬆ ：创建变形文字。

⑨ 📋 ：单击该按钮，可以显示或隐藏【字符】面板和【段落】面板。

⑩ ⊘ ✔ ：文字输入完成后，单击 ⊘ 按钮可以取消输入操作，单击 ✔ 按钮表示确认本次操作。

输入文字的操作方法如下。

（1）在文字工作组栏中选择横排或直排文字工具。

（2）根据需要在工具属性栏中设置参数。

（3）将鼠标移动到打开的窗口中，单击设定文字的插入点。

（4）输入文字，输入完成后，单击工具属性栏上的 ✔ 按钮表示确认本次操作。

如图 3-110 所示为输入的横排和直排文字。

2. 输入段落文字

段落文字用于设置大块的文本段落，它是通过先拖动横排或直排文字工具创建一个段落文本框再输入文本。

输入段落文字的操作方法如下。

（1）选择横排或直排文字工具，在属性工具栏中设置参数。

（2）在打开的图像窗口中单击并拖动鼠标创建一个段落文本框。

（3）在段落文本框中输入的文字即为"段落文字"。

通过单击属性工具栏上的 **T** 按钮，可以进行横排段落文字和直排段落文字的转换。

如图 3-111 所示为输入的段落文字。

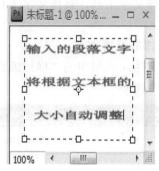

图 3-110   横排和直排文字   图 3-111   段落文字

3. 文字蒙版工具

文字蒙版工具包括横排文字蒙版和直排文字蒙版。利用文字蒙版工具能够创建文字选区，与其他选区的使用一样，可以对它进行相关操作。横排或直排文字蒙版工具的属性栏与横排或直排文字工具的属性栏一样。

创建文字蒙版的操作方法。

（1）在文字工具组中选择横排或直排文字蒙版工具，并在工具属性栏中设置参数。

（2）在打开的窗口中单击并输入文字。

（3）输入完成后，单击属性工具栏上的 ✔ 按钮表示确认本次操作。

图 3-112 所示为使用文字蒙版工具创建的文字选区。

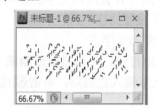

图 3-112   使用文字蒙版工具创建文字选区

3.12.2   编辑文字的方法

使用文字输入工具输入完文字或段落文字后，常常需要对文字或段落文字进行编辑操作。

1. 设置文字属性

文字属性除了可以在文字工具属性栏中设置外，还可以在【字符】面板中设置，通过单

击属性工具栏上的 ▤ 按钮，可以显示或隐藏【字符】面板和【段落】面板，图 3-113 所示为【字符】面板。

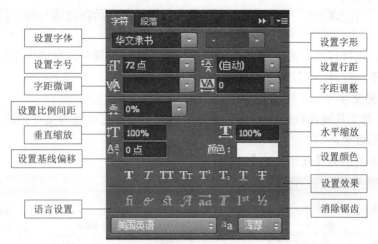

图 3-113　【字符】面板

字符面板上【设置效果】按钮组的各个按钮选项含义如下。

➤ **T** 按钮：单击该按钮，将当前选择的文字加粗显示。

➤ *T* 按钮：单击该按钮，将当前选择的文字倾斜显示。

➤ TT 按钮：单击该按钮，将当前选择的小写字母变为大写字母显示。

➤ Tr 按钮：单击该按钮，将当前选择的字母变为小型大写字母显示。

➤ T' 按钮：单击该按钮，将当前选择的文字变为上标。

➤ T₁ 按钮：单击该按钮，将当前选择的文字变为下标。

➤ T 按钮：单击该按钮，将当前选择的文字下方添加下划线。

➤ T 按钮：单击该按钮，将当前选择的文字中间添加删除线。

图 3-114 所示为文字设置的几种效果。

（a）垂直放大和垂直缩小效果

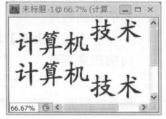
（b）正偏移和负偏移效果

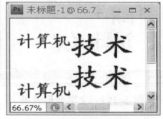
（c）上标和下标效果

图 3-114　文字设置的几种效果

2. 设置段落属性

可以对创建的段落文字进行段落属性的设置，通过单击属性工具栏上的 ▤ 按钮，将【段落】面板显示出来，图 3-115 所示为【段落】面板。

段落面板上的参数含义如下。

① ▤▤▤ ▤▤▤ ▤ 按钮组：从左到右依次为设置文本左对齐、居中对齐、右对齐、最后一行左对齐、最后一行居中对齐、最后一行右对齐及全部对齐。

②　框 0点　計 0点　按钮组：这两个数值框分别设置文本左边和右边向内缩进的距离。

③　星 0点　按钮：用来设置文本首行缩进的距离。

④　量 0点　量 0点　按钮组：分别用来设置插入点所在段落与前一段落和后一段落的距离。

⑤　☑连字：选择该项，可以将文本的最后一个外文单词拆开，形成连字符号，使剩余的部分自动换到下一行。

3. 创建变形文字

Photoshop 的工具属性栏提供了文字变形工具 工，使用它可以为文字创建弧形、波浪形、扇形等多种变形效果。

如图 3-116 所示为【变形文字】对话框。

图 3-115　【段落】面板　　　　　图 3-116　【变形文字】对话框

【变形文字】对话框的参数含义如下。

①【样式】：可以从该下拉列表框中选择需要的文字变形效果。

图 3-117　文字变形效果

②【水平】或【垂直】按钮：这两个选项可以使文字沿水平或垂直方向变形。

③【弯曲】滑块：用来设置文字的弯曲程度。

④【水平扭曲】滑块：用来设置文字在水平方向的扭曲程度。

⑤【垂直扭曲】滑块：用来设置文字在垂直方向的扭曲程度。

图 3-117 所示为文字的 3 种变形效果，从上到下分别是：扇形、旗帜、挤压效果。

3.13　综合案例

1. 制作酒广告

（1）打开素材"酒瓶.psd""商标.psd""酒广告背景.jpg"图片文件。

（2）打开素材"酒瓶.psd"，选择【移动工具】，按住 Alt 键拖曳鼠标，在酒瓶的右端再复制一个酒瓶，按下 Ctrl+T 键，按住 Shift 键拖曳控制柄，等比例放大酒瓶，按 Enter 键确认操作，如图 3-118 所示。

（3）使用【矩形选框工具】选中两个酒瓶，选择【编辑】|【合并拷贝】命令，再选择【编辑】|【粘贴】命令把两个酒瓶整体复制，选择【编辑】|【变换】|【水平翻转】命令，使其水平翻转，并移动到如图 3-119 所示位置。

图 3-118　复制并放大酒瓶

图 3-119　复制并翻转酒瓶

（4）在【图层】面板中单击【图层 1 副本】图层，用移动工具复制，并把复制后的图层移动到顶层，按下 Ctrl+T 组合键把复制的图层放大，移动到如图 3-120 所示的画面中间位置。

图 3-120　复制并变换图层

（5）使用【矩形选框工具】选中所有酒瓶并合并拷贝到"酒广告背景.jpg"文件窗口中，放置在如图 3-121 所示的位置的效果图。

（6）复制酒瓶图层，选择【编辑】|【变换】|【垂直翻转】命令，使该图层垂直翻转。在【图层】面板中调整透明度为"22%"，移动到如图 3-122 所示位置。

图 3-121　合并拷贝效果

图 3-122　垂直翻转效果

（7）将"商标.psd"文件中的商标移动到"酒广告背景.jpg"图像窗口中，最终效果如图 3-123 所示。

图 3-123　最终效果图

2. 制作手机广告

（1）打开素材"广告文字.jpg""手机屏幕.jpg""手机.jpg""广告背景.jpg""炫彩.psd"图片文件。

（2）设置"广告背景.jpg"图像窗口为当前窗口。选择【椭圆选框工具】，在其工具属性栏中设置【羽化】为"20px"，在图像窗口中绘制椭圆形选区，如图 3-124 所示。

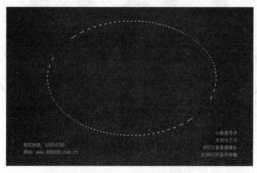

图 3-124　绘制椭圆选区

（3）设置前景色为蓝灰色（#5e7fbf），背景色为紫灰色（#be6ba7），选择【渐变】工具，在其工具属性栏中单击【菱形渐变】按钮，然后从选区中心向旁边拖曳鼠标，为选区填充渐变效果。然后取消选区，如图 3-125 所示。

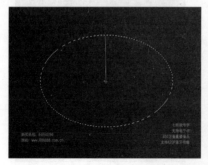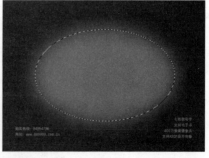

图 3-125　填充渐变效果

（4）在"广告文字.jpg"图像窗口单击，将其设置为当前窗口。在工具箱中选择【魔棒工具】并在属性栏中设置【容差】为 20，取消【连续】选项，然后使用该工具选取图中黑色文字，如图 3–126 所示。

图 3–126　创建文字选区

（5）为选区填充"色谱"、线性渐变，然后用【移动工具】将文字移动到"广告背景.jpg"图像窗口中，如图 3–127 所示。

（6）选择合适的工具将"手机.jpg"图像中的手机移动到"广告背景.jpg"图像窗口中，调整手机大小并放置在如图 3–128 所示位置。

图 3–127　文字最终效果　　　　　　　　　　图 3–128　移动手机效果

（7）设置"手机屏幕.jpg"图像窗口为当前窗口，按下 Ctrl+A 组合键，将图像全部选中，选择【编辑】|【拷贝】命令，进行复制。

（8）设置"广告背景.jpg"图像窗口为当前窗口，选择"多边形套索工具"，将手机屏幕制作成选区，然后选择【编辑】|【选择性粘贴】|【贴入】命令，将手机屏幕粘贴到选区内，并调整位置和大小，如图 3–129 所示。

（9）将"炫彩.psd"中的图像移动到"广告背景.jpg"图像窗口中，至此一张手机广告就制作完成了。效果如图 3–130 所示。

图 3–129　制作手机屏幕　　　　　　　　　　图 3–130　最终效果图

思考 与 练习

一、选择题

1. 下面哪些工具属于选框工具？（　　　　）
　　A. 矩形选框工具　　　　　　　　　B. 椭圆选框工具
　　C. 单行选框工具　　　　　　　　　D. 多边形套索工具

2. 选区的变换包括（　　　　）。
　　A. 扩展　　　　　B. 平滑　　　　　C. 收缩　　　　　　　　D. 边界

3. 在使用键盘上的方向键对选区进行移动时，按住（　　　）键的同时按一次方向键，可实现每次移动 10 像素。
　　A. Shift　　　　B. Ctrl　　　　　　C. Alt　　　　　　　　D. Tab

4. 要绘制比较柔和的线条，应该选择（　　　）工具。
　　A. 画笔　　　　　　　　　　　　　B. 铅笔
　　C. 直线　　　　　　　　　　　　　D. 历史记录艺术画笔

5. 在移动图像时按住（　　　）键不放可以在水平、垂直和 45°方向上移动。
　　A. Shift　　　　B. Ctrl　　　　　　C. Alt　　　　　　　　D. Tab

6. 使用修补工具对图像进行修补前，应先在图像中创建一个被修补的选区，使用修补工具创建选区与下面哪种工具创建选区的方法一样？（　　　　）
　　A. 矩形选框工具　　　　　　　　　B. 椭圆选框工具
　　C. 套索工具　　　　　　　　　　　D. 多边形套索工具

7. 在 Photoshop 中可以通过下面哪些工具来输入文字？（　　　　）
　　A. 横排文字工具　　　　　　　　　B. 直排文字工具
　　C. 横排文字蒙版工具　　　　　　　D. 直排文字蒙版工具

8. 文字的字体、字号、颜色等属性可以通过什么方式来设置？（　　　　）
　　A.【文字工具】属性栏　　　　　　 B.【字符】面板
　　C.【段落】面板　　　　　　　　　 D.【样式】面板

9. 下面哪些样式不属于变形文字样式？（　　　　）
　　A. 扇形、下弧、上弧　　　　　　　B. 拱形、凸起、贝壳、花冠
　　C. 旗帜、波浪、鱼形、增加　　　　D. 平行、垂直

二、问答题

1. 简述如何在图像中创建一个像素大小的选区。
2. 使用魔棒工具创建图像选区时，决定选区范围大小的因素是什么？
3. 使用同一种颜色填充一个未羽化的选区和一个羽化的选区，填充效果有何区别？
4. 修饰图像可以使用哪些工具？
5. 简述修补工具与仿制图章工具在修复图像时的异同点。
6. 如何设置文字的字体、颜色、大小、字符间距等字符属性？

三、上机操作

题目——制作音乐会海报

根据提供的素材："光盘.psd""萨克斯.ai""音乐会海报.psd"制作音乐会海报，最终效果如图 3–131 所示。

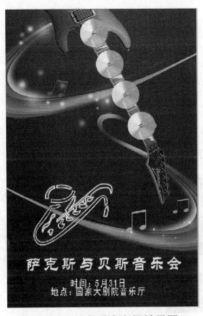

图 3–131　音乐会海报效果图

操作步骤提示。

1. 背景的填充：使用【渐变工具】，前景色设置为蔚蓝色（#233290），背景色设置为深蓝色（#121c3b）。

2. 使用【自定形状工具】绘制不同颜色的音符。

3. 素材"萨克斯.ai"，选择【文件】|【置入】的方法插入到"音乐会海报.psd"文件中。

第 4 章

图层的基本应用

4.1　图　层　简　介

图层是 Photoshop CS6 的"核心"。一个 Photoshop CS6 创作的图像可以想象成是由若干张包含有图像各个不同部分的不同透明度的纸叠加而成的，如图 4–1 所示。每张"纸"称之

图 4–1　图层

为一个"图层"。由于每个图层及层内容都是独立的，用户在不同的层中进行设计或修改等操作不影响其他层。但是，由于图层是一层一层叠放的，在上面一层填充颜色或绘制图像时，会遮盖住它下面一层中的图像。我们可以通过交换图层的顺序来显示被遮盖住的图像。通过对图层的操作，可以方便快捷地修改图像，使图像编辑具有更大的灵活性。使用图层的特殊功能，可以创建很多复杂的图像效果。图像设计者对绘画满意时，可将所有的图层"粘"（合并）成一层。

4.2　图　层　类　型

1. 背景层

使用白色或背景色创建图像文件时，"图层"面板中自动生成的图层为背景层，创建透明内容的图像文件时，图像没有背景层。一幅图像可以没有背景层，但不能有两个以上的背景层存在。

背景层是一个特殊的不透明层，无法更改其混合模式、不透明度和其他图层堆叠顺序，但可以将背景层转换为普通层。

操作方法：

① 在【图层】面板上双击背景层，在【新图层】对话框设置图层属性。

② 将背景层转为普通层后，执行【图层】|【新建】|【背景图层】命令，可以再次转换为背景层。

2. 普通层

普通层是最基本的类型，单击【图层】面板底部【新建图层】按钮，就可以创建新图层，新建图层都是普通层。普通层是透明的，可以在上面按照自己的意愿绘制图形。

3. 文字层

使用文字工具在图像文件中输入文字后，系统会自动创建一个新图层，也就是文字层。

　　大多数编辑命令不能在文字层中使用，要使用这些编辑命令就必须将文字层转换为普通层，执行【图层】|【栅格化】|【文字】命令，将文字层转换为普通层后，不能再对其进行文字内容编辑。

4. 形状层

　　使用工具箱中的【图形】工具，在图像文件中创建图形后，【图层】面板中会自动建立一个图层，即形状层。

　　将形状层转为普通层的方法：执行【图层】|【栅格化】|【形状】|【栅格化图层】命令。

5. 样式层

　　图层应用图层样式（投影、阴影、发光、浮雕等）后即变为样式层。

　　背景层不能应用图层样式，只有将其转换为普通层后才可应用。

6. 蒙版层

　　在【图层】面板中单击【添加矢量蒙版】按钮，就可以为当前层添加蒙版。

　　如果在图像中创建了选择区域，再单击此按钮，则可以根据选择区域的范围在当前层上建立适当的蒙版。通过蒙版可以对图层应用各种特殊效果，而不会影响该图层中的图像。

　　蒙版中颜色的变化使其所在层图像的相应位置产生透明效果。其中，与蒙版中的白色部分相对应的图像不产生透明效果，与黑色部分相对应的图像完全透明，与蒙版的灰色部分对应的图像，则根据其灰度产生相应程度的透明。

4.3　图层调板介绍

　　对图层的管理和各种操作主要是通过图层调板来进行的。要显示图层调板，选择【窗口】|【图层】命令，【图层】前带有"√"或按"F7"键图层调板打开，出现如图 4-2 所示的图层调版。

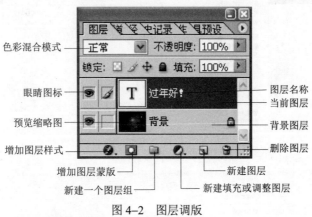

图 4-2　图层调版

4.4　图层菜单

1. 主菜单命令

　　选择【窗口】|【图层】命令，即可打开其控制菜单。

2. 控制菜单命令

在【图层】控制面板中，单击右上角的三角形控制按钮，可打开【图层】控制面板菜单。

3. 快捷菜单命令

在【图层】控制面板中右击某个图层，会弹出一个快捷菜单。

4.5   图层的基本操作

1. 图层的锁定和解锁

将图层的某些编辑功能锁住，可以避免不小心将图层中的图像损坏。在图层调板中的【锁定】后面提供了 4 种图标。如图 4-3 所示，从左到右分别为：锁定透明部分、锁定图像编辑、锁定移动、锁定全部。一般我们使

图 4-3　图层的锁定和解锁

用第 4 项锁定全部，单击锁按钮 （箭头所指）即可。一旦锁定，该图层内容不能修改，如果想要修改，单击锁按钮  即可完成解锁操作。

2. 新建和重命名图层

1）新建图层

（1）普通图层：通过按钮 新建图层的方法，具体操作如下。

① 打开图像及其"图层"控制面板。

② 单击【图层】控制面板下方的按钮 ，建立一个新图层，如图 4-4 所示，新建"图层"是透明的，此时的"图层"是控制面板。

图 4-4　新建图层

（2）通过菜单命令创建普通图层，具体操作如下。

① 执行【图层】|【新建】|【图层】命令。

② 输入图层文件名。

③ 单击【颜色】右侧下拉菜单，选择颜色。

④ 设置图层模式，如图 4-5 所示。

图 4-5 图层模式

⑤ 设置图层的不透明度。

⑥ 单击【确定】按钮，即可按刚才的设置创建一个普通图层，创建后的图层如图 4-6 所示。

（3）创建文字图层，如图 4-7 所示。

从工具箱中选择【文字工具】，然后在图像编辑窗口中单击即会出现一个文字输入光标，表示可以输入文字了。此时在【图层】控制面板中会出现一个新的文字图层。

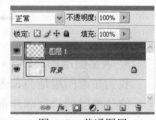

图 4-6 普通图层

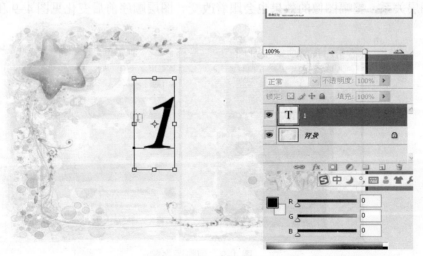

图 4-7 创建文字图层

（4）文字图层转换成普通图层的具体操作如下。

① 执行【图层】|【栅格化】|【图层】命令，即可将文字图层转换为普通图层，此时的图层为控制面板。

② 文字图层转换成普通图层以后，不能再对其进行文字编辑，但可以执行所有图像可执行的命令。

（5）创建调整图层的具体方法如下。

① 单击【图层】控制面板中的背景层，将其设置为当前图层。

② 执行【图层】|【新调整图层】命令，在其子菜单中可以设置调整图层的效果。从中选择曲线命令。

③ 然后在对话框中进行相应的设置。

2）重命名图层

如果只更改图层名称，在图层调板中图层名称处双击即可更改。可以使用中文、英文、数字命名图层。在图层调板中按住 Alt 键双击该图层中的缩略图或蓝色区域，或者在该图层中单击右键出现快捷菜单【图层属性】；或者执行图层调板右上角菜单选项按钮中的【图层属性】命令，或者执行【图层】|【图层属性】命令，就会出现【图层属性】对话框，如图 4-8 所示，可以更改图层名称和颜色。颜色标记的作用是使图层调板中的图层看起来更加突出。

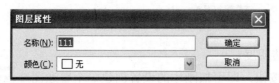

图 4-8　重命名图层

3. 调整图层的顺序

我们知道图层是会覆盖的，如果我们做好的图片的图层上下有问题，如何修改呢？

修改图层的排列顺序最快捷的方法，是在图层调板中直接用鼠标拖动图层到上或下合适的位置上。也可以先选中图层，再执行【图层】|【排列】命令来改变图层顺序从而改变互相遮挡的图层关系，整幅图像的效果也会跟着改变。图层顺序前后变化见图 4-9 和图 4-10。

图 4-9　调整顺序前

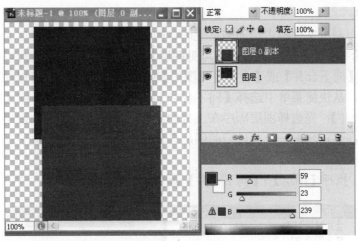

图 4-10　调整顺序后

4. 调整图层的不透明度

调整图层的不透明度,可以用鼠标直接拖动滑块,选择合适的透明度,或者直接输入数字,范围从 0～100%,如图 4-11 所示。不透明度的数值越小,图像越透明,该图层下面的图层越清晰,反之越模糊。灵活调整图层的不透明度,不仅可以制造出某些特殊效果,而且可以为处理下一层的图像带来一定的方便。

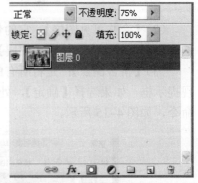

图 4-11　调整图层不透明度

5. 复制和删除图层

(1)复制图层:在图层调板中将需要复制的图层拖曳到新建图层按钮上,在选中的图层上单击右键,选择【复制图层】选项,或者使用图层调板菜单选项按钮选择【复制图层】,也可以执行菜单【图层】|【复制图层】命令,出现【复制图层】对话框,这样会生成一个名为【副本】的新图层。在选择层组后,做同样的操作就可以复制整个层组。执行【图层】|【新建】|【通过拷贝的图】命令,将图层复制到新图层中。

(2)删除图层:把需要删除的图层直接拖动到图层调板下方的垃圾桶按钮上。还可以选中要删除的图层再单击垃圾桶按钮,这样会出现一个提示来确认删除。或者执行【图层】|【删除】|【图层】命令。一次只能删除一个图层,如要一次要删除多个图层,可以将多个图层合并为一层,然后删除这个合并后的图层。或者将多个图层归入一个图层组,然后删除这个图层组。没有最后决定是否删除的图层,建议先隐藏图层,而不是随意删除图层。

图 4-12　链接图层

6. 链接图层

选择一个或多个需要链接的图层,单击图层调板下方的 链接按钮,在每个选中的图层右边都会带有一个链接标志,如图 4-12 所示。如果要取消各个图层间的链接,再单击一下链接按钮即可。两个图层链接以后,无论用移动工具移动哪一个图层,另一个图层都会随之移动。

7. 合并图层

合并图层可以减少文件所占用的磁盘空间，同时可以提高操作速度。合并图层可以执行【图层】|【向下合并】命令或执行【合并可见图层】或【拼合图像】，也可以使用图层调板菜单选项按钮选择【向下合并】或【合并可见图层】或【拼合图像】，也可以在图层调板中选中图层，单击右键，从快捷菜单中选择【向下合并】或【合并可见图层】或【拼合图像】。

（1）【向下合并】：先选择图层顺序在上方的层，使其与位于下方的图层合并，进行合并的图层都必须处在显示状态，合并以后的图层名称和颜色标记，沿用位于下方的图层的名称和颜色标记。

选中图层 1，执行【图层】|【向下合并】命令，如图 4-13 所示。

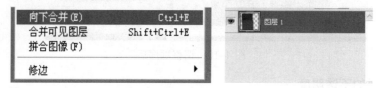

图 4-13　【向下合并】

（2）【合并可见图层】：它的作用是把目前所有处在显示状态的图层合并，处于隐藏状态的图层则保持不变，执行【图层】|【合并可见图层】命令，如图 4-14 所示。

（3）【拼合图像】：是将所有的图层合并为背景层，如果有隐藏的图层，拼合的时候会出现提示框，如果选择【确定】，处于隐藏状态的图层将都被丢弃，执行【图层】|【拼合图像】命令，如图 4-15 所示。

图 4-14　【合并可见图层】　　　　　图 4-15　【拼合图像】

8. 将图层载入选区

先选中要载入选区的图层 0，然后按住 Ctrl 键单击图层 1，这样图层 1 就会转化为图层 0 的选区，如图 4-16 所示。

9. 对齐图层

对齐图层分为两种情形，一是对齐链接图层，二是对齐选择的多个图层。注意：只有选择或者链接了两个或者两个以上的图层的时候，对齐功能才可用。

（1）对齐链接图层：Photoshop 旧版本要对齐图层，只有先将需要对齐的图层进行链接，然后选择链接图层中的任意一层，在移动工具下才可对齐图层。对齐的基准图层为当前所选择的图层，对齐的依据是所选择图层存在像素的最左端、水平中点、最右端像素及最顶端、垂直中点、最底端像素。

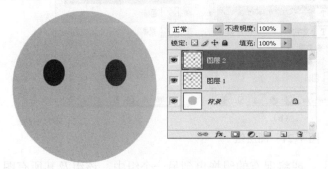

图 4-16 将图层载入选区

（2）对齐选择的多个图层：Photoshop CS6 版本，可以选择多个图层，在同时选择了需要对齐的多个图层后，在移动工具下，图层对齐功能可用。这种方式没有对齐的基准层，它是以所选择图层中存在着像素的最左端像素、最右端像素、最左至最右存在像素的水平中点位置及最顶端像素、最底端像素、最顶至最底存在像素的垂直中点为对齐依据的。

注意：图层对齐是可以选择背景图层来作为对齐基准层的。在选择多个图层的情形下，选择背景层，则背景层为对齐基准层。在链接图层的时候，连同背景层一同选择在内，但选择的基准层不是背景层，在使用对齐后，背景层将变为普通图层。要分布图层，必须链接（或者选择）3 个及 3 个以上的图层。分布图层是没有基准层的。

例如打开图 4-17 可以看到连同背景在内 3 个图层的合成图，图层 1、图层 2 分别代表一只眼睛，现在把两只眼睛的位置、大小改变，如图 4-18 所示，那么如何对齐呢？

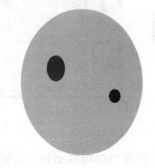

图 4-17 3 个图层的合成图　　　　　　　　图 4-18 改变两只眼睛后的合成图

按 Shift 键选中要对齐的图层 1 和图层 2，单击 移动按钮，在工具栏出现对齐工具，如图 4-19 所示，前面 6 个按钮功能分别是：顶对齐、垂直居中对齐、底对齐、左对齐、水平居中对齐、右对齐。

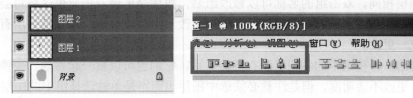

图 4-19 对齐工具栏

如图 4-20 所示分别是执行【顶对齐】、【垂直居中对齐】、【底对齐后】的结果。左对齐、水平居中对齐、右对齐，其结果相当于把图旋转了 90°，操作一样，就不详细讲解了。

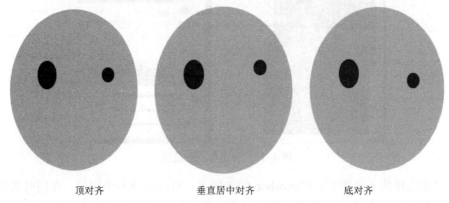

顶对齐　　　　　　　　　　　垂直居中对齐　　　　　　　　　　　底对齐

图 4-20　执行"对齐"按钮后的结果

10. 图层组

新建图层组，也可以将先选中图层直接拖放到创建新组 ▭ 按钮上，即可建立一个带图层的组。或执行菜单中的【图层】|【新建】|【从图层建立组】，或执行图层调板右上角菜单选项按钮中的【从图层新建组】。

新建文件夹，命名为文字，将文字 1、文字 2 拖入文件夹，图 4-21（a），图 4-21（b）为打开文件夹，图 4-21（c）为折叠的文件夹。

（a）　　　　　　　　　　　　（b）　　　　　　　　　　　　（c）

图 4-21　图层组

将现有的组拖动到创建新组按钮上，或将现有的组拖曳到另一个组中，该组及其所有图层都将随之移动。

如果要将图层移出图层组，方法就是从图层组中拖出选中的图层，但要注意拖动到正确位置。可以移到图层组的上方，也可以移到普通图层的下方，如果图层组下方没有普通图层，只有背景层，图层要移出图层组就只能移动到该图层组上方的位置。

和普通图层相同，双击组的名称可以修改组名，按住 Alt 键双击蓝色区域将会出现组属性对话框，可以在其中更改名称和组颜色。如果更改了组颜色标志，那么组中所有图层的颜色标志都将统一更改。

选中图层组，即使组中的各图层没有链接关系，它们也可以被一起移动、变换、删除、复制、隐藏、更改不透明度。但是注意必须选中图层组而不是单独选择组中的图层。

4.6　图层的混合模式

所谓图层混合模式就是指一个图层与其下方图层的色彩叠加方式。混合模式是 Photoshop CS6 最强大的功能之一，它决定了当前图像中的像素如何与底层图像中的像素混合，使用混合模式可以轻松地制作出许多特殊的效果，但是要真正掌握它却不是一件容易的事。混合模式分为以下 6 大类。

1. 组合模式（正常、溶解）

（1）正常模式：这是绘图与合成的基本模式，也是一个图层的标准模式，上层完全覆盖下层，不和下层发生任何混合。

（2）溶解模式：溶解模式产生的效果来源于上、下两层的混合颜色的色彩叠加，与像素的不透明度有关。

① 新建图层将背景和图层 1 分别填充为红色和黄色，现在只能看到黄色，红色被完全覆盖，如图 4-22 所示。

② 添加图层样式，选择"溶解"，如图 4-23 所示。

③ 溶解模式产生的像素颜色与像素的不透明度有关，图层溶解模式在不透明度为 100% 的时候和正常模式是一样的，不会在画面上产生溶解效果，所以我们还要设置透明度。

图 4-22　原图

图 4-23　选择"溶解"

2. 加深混合模式（变暗、正片叠底、颜色加深、线性加深）

（1）变暗模式：特点是显示并处理比当前图像更暗的区域。

（2）正片叠底：特点是可以使当前图像中的白色完全消失，另外，除白色以外的其他区域都会使底层图像变暗。无论是图层间的混合还是在图层样式中，正片叠底都是最常用的一种混合模式。

① 打开素材图片"猴子"和"花"两张图片，将素材"花"拖动到"猴子"上，将其覆盖，如图 4–24 所示。

图 4–24　原图

② 选择正片叠底，如图 4–25 所示。

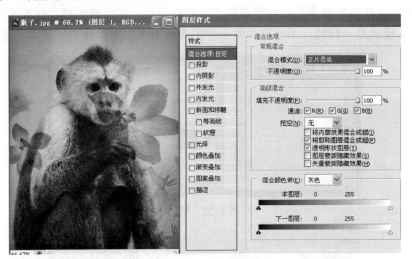

图 4–25　正片叠底

（3）颜色加深：特点是可保留当前图像中的白色区域，并加强深色区域。

（4）线性加深：线性加深模式与正片叠底模式的效果相似，但产生的对比效果更强烈，相当于正片叠底与颜色加深模式的组合。

3. 减淡混合模式（变亮、滤色、颜色减淡、线性减淡）

（1）变亮模式：特点是比较并显示当前图层图像比下面图像亮的区域，变亮模式与变暗模式产生的效果相反。

（2）滤色模式：特点是可以使图像产生漂白的效果，滤色模式与正片叠底模式产生的效果相反。

① 打开素材图片"猴子"和"花"两张图片，将素材"花"拖动到"猴子"上，将其覆盖。

② 选择"滤色"模式，如图 4–26 所示。

图 4-26　"滤色"模式

（3）减淡模式：特点是可加亮底层的图像，同时使颜色变得更加饱和，由于对暗部区域的改变有限，因而可以保持较好的对比度。

（4）线性减淡模式：它与滤色模式相似，但是可产生更加强烈的对比效果。

4. 对比混合模式（叠加、柔光、强光、亮光、线性光、点光、实色混合）

（1）叠加模式：特点是在为底层图像添加颜色时，可保持底层图像的高光和暗调。

（2）柔光模式：柔光模式可产生比叠加模式或强光模式更为精细的效果。

① 打开素材图片猴子和花两张图片，将素材花拖动到猴子上，将其覆盖。

② 选择"柔光"模式，如图 4-27 所示。

图 4-27　"柔光"模式

（3）强光模式：强光模式特点是可增加图像的对比度，它相当于正片叠底和滤色的组合。

（4）亮光模式：特点是混合后的颜色更为饱和，可使图像产生一种明快感，它相当于颜色减淡和颜色加深的组合。

（5）线性光：特点是可使图像产生更高的对比度效果，从而使更多区域变为黑色和白色，它相当于线性减淡和线性加深的组合。

（6）点光：特点是可根据混合色替换颜色，主要用于制作特效，它相当于变亮与变暗模式的组合。

（7）实色混合：特点是可增加颜色的饱和度，使图像产生色调分离的效果。

5. 比较混合模式（差值、排除）

（1）差值模式：特点是当前图像中的白色区域会使图像产生反向的效果，而黑色区域则会越接近底层图像。

① 打开素材图片"猴子"和"花"两张图片，将素材"花"拖动到"猴子"上，将其覆盖。

② 选择"差值"模式，如图 4-28 所示。

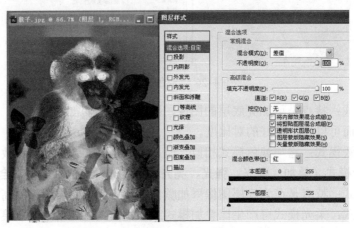

图 4-28 "差值"模式

（2）排除模式：排除模式可比差值模式产生更为柔和的效果。

6. 色彩混合模式（色相、饱和度、颜色、亮度）

（1）色相模式：它适用于修改彩色图像的颜色，该模式可将当前图像的基本颜色应用到底层图像中，并保持底层图像的亮度和饱和度。

① 打开素材图片"猴子"和"花"两张图片，将素材花拖动到猴子上，将其覆盖。

② 选择色相模式，如图 4-29 所示。

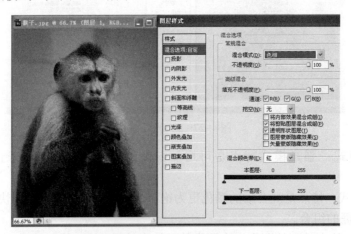

图 4-29 "色相"模式

（2）饱和度模式：饱和度模式特点是可使图像的某些区域变为黑白色，该模式可将当前图像的饱和度应用到底层图像中，并保持底层图像的亮度和色相。

（3）颜色模式：特点是可将当前图像的色相和饱和度应用到底层图像中，并保持底层图像的亮度。

（4）亮度模式：特点是可将当前图像的亮度应用于底层图像中，并保持底层图像的色相与饱和度。

4.7　调整与填充图层

单击图层调板下面的【创建新的填充或调整图层】按钮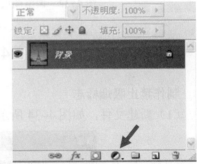，出现选项，建立填充或调整图层。这是图案、颜色、渐变填充和色阶、可选颜色等叠加的调整图层，对下面全部图层起作用，但不破坏原有图层，不满意可以删去重做。

调整图层具有以下优点。

编辑不会造成破坏。您可以尝试不同的设置并随时重新编辑调整图层。您也可以通过降低调整图层的不透明度来减轻调整的效果。

编辑具有选择性。在调整图层的图像蒙版上绘画可将调整应用于图像的一部分。稍后，通过重新编辑图层蒙版，您可以控制调整图像的哪些部分。通过使用不同的灰度色调在蒙版上绘画，您可以改变调整。能够将调整应用于多个图像。在图像之间复制和粘贴调整图层，以便应用相同的颜色和色调调整。

调整图层会增大图像的文件大小，尽管所增加的大小不会比其他图层多。如果要处理多个图层，您可能希望通过将调整图层合并为像素内容图层来缩小文件大小。调整图层具有许多与其他图层相同的特性。您可以调整它们的不透明度和混合模式，并可以将它们编组以便将调整应用于特定图层。读者可以启用和禁用它们的可见性，以便应用效果或预览效果。

① 打开素材图片"铁塔"。

② 在图层面板底部单击【创建新的填充或调整图层】。

③ 在下拉菜单中选择【色相/饱和度】命令，弹出如图 4-31 所示对话框，设定参数。

图 4-30　【创建新的填充或调整图层】

图 4-31　选择【色相/饱和度】

④ 单击【确定】按钮后，得到如图 4-32 所示结果，此时在图层面板中自动添加了一个调整图层。

这样做的目的是，假如有多个图层都要调节成一样的效果，但又不能合并图层，采用这种方法，可以在不影响原图层的效果下进行调节。如果要编辑调整图层或填充图层，请双击图层的缩览图；如果要合并调整图层或填充图层，请不要将调整图层或填充图层做合并的目标图层。将调整图层或填充图层与它下面的图层合并后，调整将被栅格化并永久应用于合并的图层内。

最终效果如图 4-33 所示。

图 4-32　调整图层

图 4-33　效果

4.8　综 合 案 例

制作禁止吸烟标志

（1）新建文件，如图 4-34 所示。

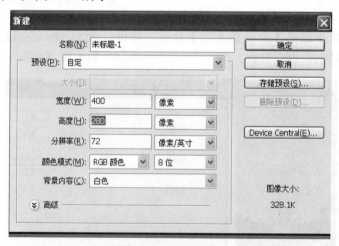

图 4-34　新建文件

我们可以看到，第一个层就是背景层，如图 4-35 所示，背景层被锁，如果需要，可以双击背景层，将背景变成普通图层。

（2）新建图层禁止吸烟，如图 4-36 所示。

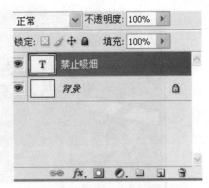

图 4-35　背景层　　　　　　　　　　　图 4-36　新建图层禁止吸烟

（3）新建图层香烟，我们可以将做好的图层加锁，单击 🔒 按钮，这样就不会误操作了。自己绘制香烟图形，如图 4-37 所示。

图 4-37　香烟图形

（4）新建图层 1，画一个红色圆圈。这时会发现一个问题，顺序不好。拖动图层，调整顺序，如图 4-38 所示。

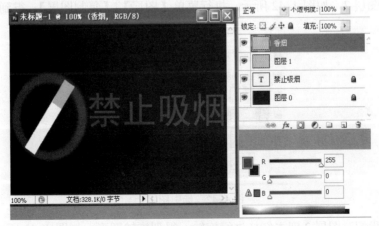

图 4-38　新建图层 1

（5）现在我们可以看到香烟已经在圆圈上了。下面我们新建图层 2 画✖，新建图层 2 见图 4-39。

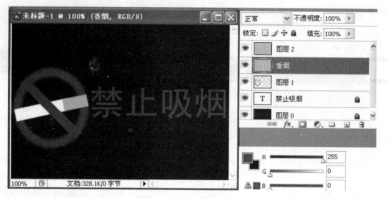

图 4-39   新建图层 2

（6）红圈和红杠现在分在两层，如果调试位置，会有错位，所以我们把这两个图层链接，形成一体效果。选中两个图层，单击 🔗 按钮，如图 4-40 所示。

（7）现在我们看到共有 5 个图层，图层多不好管理，所以我们可以加文件夹来管理，单击 🗀 按钮，改名字为图标。将图层 1，图层 2，香烟拖到文件夹里，如图 4-41 所示。

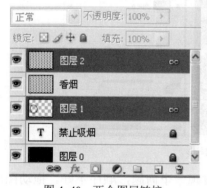
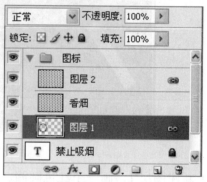

图 4-40   两个图层链接   图 4-41   文件夹

（8）选中图层 2，如图 4-42 所示，执行菜单【图层】|【复制图层】。得到图层 2 副本。

图 4-42   选中图层 2

（9）然后我们对图层 2 副本红杠进行旋转，得到旋转图形，如图 4-43 所示。

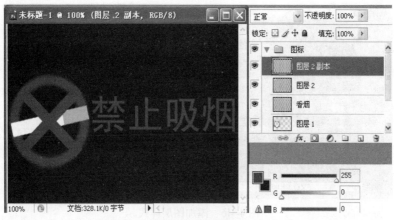

图 4-43　旋转图形

（10）执行菜单【图层】|【合并可见图层】命令，如图 4-44 所示。

图 4-44　合并可见图层

（11）打开骷髅头图片，如图 4-45 所示，将骷髅头贴在图层上。

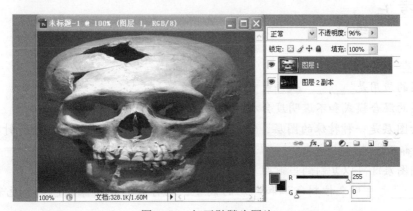

图 4-45　打开骷髅头图片

（12）![fx]按钮为图层 1 添加图层样式，选择正片叠底，如图 4-46 所示。

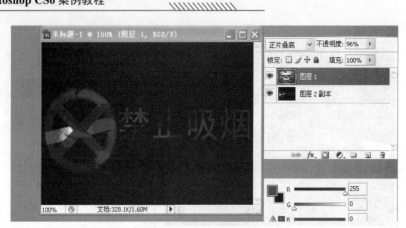

图 4-46   添加图层样式

（13）执行菜单【图层】|【合并可见图层】，合并可见图层如图 4-47 所示。

图 4-47   合并可见图层

思考 **与** **练习**

一、填空

1. 图层的应用是_____软件最重要的部分之一。

2. 图层的混合模式和不透明度会相互影响，共同决定图像的_____。

3. 背景图层是一种特殊的图层，它永远位于图层面板_____，而且很多针对图层的操作在背景层都不能进行。

4. 复制图层既可以复制到当前图层，也可以复制到_____。

5. _____主要用来控制色调和色彩的调整，它存放的是图像的色调和色彩，而不存放图像。

6. 图层蒙版用不同的灰度程度表示不同的_____。

7. 图层的填充不透明度_____对该层样式的不透明度产生影响。

8. 执行菜单栏中的【图层】|【删格化】命令可以将_____图层转换成普通图层。

二、单项选择题

1. 我们可以把（　　　）想象成一叠透明的纸，在一层内没有图像的地方，可以透过其看到底下的图像。

    A. 通道　　　　　　B. 图层　　　　　　C. 路径　　　　　　D. 控制面板

2. 图层的混合模式和不透明度会相互影响，共同决定图像的（　　　）。

    A. 像素　　　　　　B. 颜色　　　　　　C. 显示效果　　　　D. 尺寸

3. 图层操作一般是针对（　　　）进行操作。

    A. 当前通道　　　　B. 当前图层　　　　C. 当前路径　　　　D. 其他图层

4. 图层蒙版用不同的灰度程度表示不同的（　　　）。

    A. 亮度　　　　　　B. 不透明度　　　　C. 颜色　　　　　　D. 分辨率

5. 下面关于图层的描述（　　　）是错误的。

    A. 背景图层不可以设置图层样式和图层蒙版

    B. 背景图层可以移动

    C. 背景图层不能改变其"不透明度"

    D. 背景层可以转化为普通的图像图层

6. 下面对图层组描述错误的是（　　　）。

    A. 在图层选项栏中单击【创建新组】按钮可以新建一个图层组

    B. 可以将所有链接图层放到一个新的图层组中

    C. 所有链接图层不能一起放到一个新的图层组中

    D. 在图层组内可以对图层进行删除和复制

7. 要使某图层与其下面的图层合并可使用什么快捷键？（　　　）

    A. Ctrl+K　　　　　B. Ctrl+D　　　　　C. Ctrl+E　　　　　D. Ctrl+J

8. 下列方法（　　　）不可以建立新图层。

    A. 双击图层调板的空白处

    B. 单击图层面板下方的新建按钮

    C. 使用鼠标将当前图像拖动到另一张图像上

    D. 使用文字工具在图像中添加文字

9. 复制一个图层的方法是（　　　）。

    A. 选择【编辑】|【复制】

    B. 选择【图像】|【复制】

    C. 选择【文件】|【复制图层】

    D. 将图层拖曳到图层面板下方创建新图层的图标上

10. 新建普通图层的组合键为（　　　）。

    A. Ctrl+N　　　　　B. Shift+N　　　　　C. Alt+N　　　　　D. Shift+Ctrl+N

三、多项选择题

1. 下列选项中是图层面板正确的属性和组件的有（　　　）。

    A. 混合模式　　　　B. 不透明度　　　　C. 锁定按钮　　　　D. 操作按钮

2. 下列选项中是图层菜单中正确的命令有（　　　）。

A. 新建图层　　　　B. 复制图层　　　　C. 删除通道　　　　D. 图层属性

3. 下列选项中是图层样式菜单中正确的命令有（　　　）。

A. 投影　　　　　　B. 修整　　　　　　C. 内发光　　　　　D. 斜面和浮雕

4. 下列选项中是样式面板中正确的组件有（　　　）。

A. 删除路径　　　B. 预设样式　　　C. 新样式按钮　　　D. 清除样式

5. 执行菜单栏中的【图层】|【栅格化】命令，可以将下列选项中（　　　）的图层类型转换为普通图层。

A. 文字层　　　　　B. 背景层　　　　　C. 图层组　　　　　D. 形状层

6. 【图层】面板弹出菜单中的（　　　）命令是可以用来进行拼合图层的操作。

A. 【向下合并】　　　　　　　B. 【拼合图像】

C. 【链接图层】　　　　　　　D. 【合并可见图层】

7. Photoshop CS6 中"合并复制"操作，对于下列哪些图层有效？（　　　）

A. 隐藏图层　　　　　　　　B. 处于某图层组中的图层

C. 被锁定的图层　　　　　　D. 背景图层

8. Photoshop CS6 中如果要对多个图层中的对象（背景层除外）同时使用 Transform（变换）命令，那么应该（　　　）。

A. 将这些图层放到一个 LayerSet（图层文件夹）中

B. 将这些图层链接起来

C. 将这些图层中的对象用一个选择区域框选中

D. 将这些图层合并到背景层中

9. Photoshop CS6 中下面对背景层的描述正确的是（　　　）。

A. 背景始终是在所有图层的最下面

B. 可以将背景转化为普通的图层，但是名称不能改变

C. 背景转化为普通的图层后，可以执行图层所能执行的所有操作

D. 背景不可以转化为普通的图层

10. 在 Photoshop CS6 中背景层与新建图层的区别是（　　　）。

A. 背景层不是透明的，新建的图层是透明的

B. 背景层是不能移动的，新建的图层是能移动的

C. 背景层是不能修改的，新建的图层是能修改的

D. 背景始终在图层调板中最下面，只有将背景转化为普通的图层后，才能改变其位置

四、判断题

1. 在 Photoshop CS6 中所有图层都可改变不透明度。（　　　）

2. 将图层用鼠标拖至垃圾桶图标上，可以删除图层。（　　　）

3. Bitmap 位图 Photoshop CS6 不能创建文字图层。（　　　）

4. Photoshop CS6 中背景层上的对象是不能进行对齐和分布的。（　　　）

5. Photoshop CS6 中关闭层可将此层隐藏。（　　　）

6. Photoshop CS6 中"背景层"始终在最低层。（　　　）

7. Photoshop CS6 中魔棒工具可以"用于所有图层"。（　　　）

8. Photoshop CS6 中图像是索引颜色（Index color）文件中，可以用图层调板的最下面"创建新图层"的按钮增加一个图层。（　　　）

9. Photoshop CS6 中双击图层调板中的背景层，并在弹出的对话框中输入图层名称，可把背景层转换为普通的图像图层。（　　　）

8. Photoshop CS6 优势描述正确的是，在 Index Color 模式中，可以对图像图层应用不透明度、填充或者图层混合模式等选项。

9. Photoshop CS6 学习主要是基础。在该软件的安装界面中输入用户名与密码等都是文本格式。

第 5 章

图层的高级应用

5.1　添加图层样式

图层样式是应用于一个图层或图层组的一种或多种效果。应用图层样式十分简单，可以是包括普通图层、文本图层和形状图层在内的任何种类图层的应用图层样式。Photoshop CS6 提供了不同的图层混合选项即图层样式，有助于为特定图层上的对象应用。Photoshop CS6 有

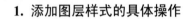

图 5-1　添加图层样式

10 种不同的图层样式。

1. 添加图层样式的具体操作

选中要添加样式的图层。

单击图层调板上的【添加图层样式】按钮，出现如图 5-1 所示列表。从列表中选择图层样式，然后根据需要修改参数。

（1）【投影】：为图层上的对象、文本或形状后面添加阴影效果。投影参数由"混合模式""不透明度""角度""距离""扩展"和"大小"等各种选项组成，通过对这些选项的设置可以得到需要的效果。

① 新建文件，新建背景图层，打开"纪念币"文件，添加图层 1，见图 5-2。

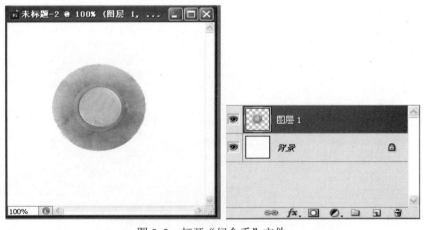

图 5-2　打开"纪念币"文件

② 单击添加图层样式按钮 $fx.$，打开图层样式菜单，选择"投影"，按图 5-3 所示设置参数。

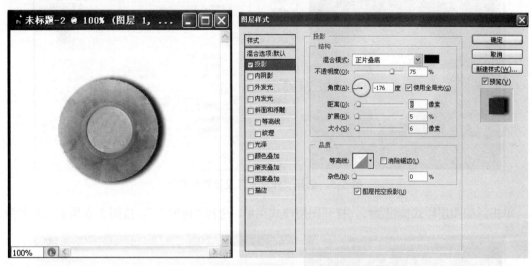

图 5-3 选择"投影"及设置参数

（2）【内阴影】：在对象、文本或形状的内边缘添加阴影，让图层产生一种凹陷外观，内阴影效果对文本对象效果更佳。

单击添加图层样式按钮 $fx.$，打开图层样式菜单，选择"内阴影"，按图 5-4 所示设置参数。

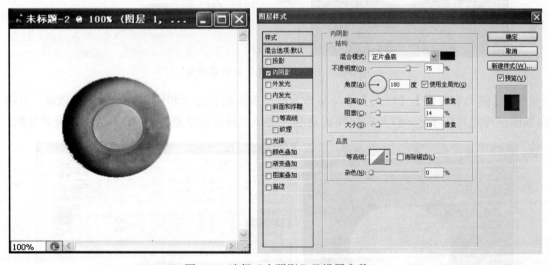

图 5-4 选择"内阴影"及设置参数

（3）【外发光】：从图层对象、文本或形状的边缘向外添加发光效果。设置参数可以让对象、文本或形状更精美。

单击添加图层样式按钮 $fx.$，打开图层样式菜单，选择"外发光"，按图 5-5 所示设置参数。

（4）【内发光】：将从图层对象、文本或形状的边缘向内添加发光效果。

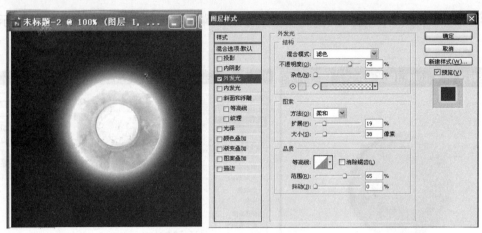

图 5-5　选择"外发光"及设置参数

单击添加图层样式按钮 **fx.**，打开图层样式菜单，选择"内发光"，按图 5-6 所示设置参数。

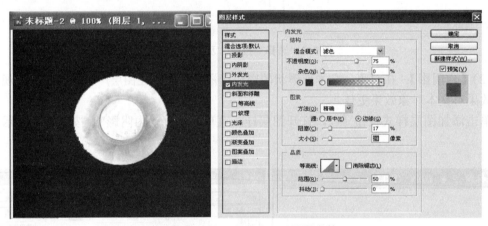

图 5-6　选择"内发光"及设置参数

（5）【斜面和浮雕】：【样式】下拉菜单为图层添加高亮显示和阴影的各种组合效果。单击添加图层样式按钮 **fx.**，打开图层样式菜单，选择"斜面和浮雕"，按图 5-7 所示设置参数。

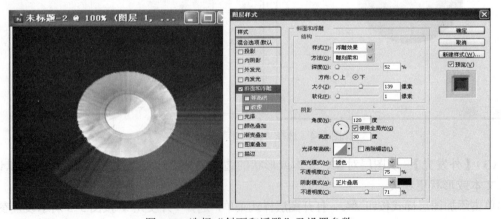

图 5-7　选择"斜面和浮雕"及设置参数

（6）【光泽】：对图层对象内部应用阴影，与对象的形状互相作用，通常创建规则波浪形状，产生光滑的磨光及金属效果。

① 新建文字图层，对文字图层添加图层样式，如图 5-8 所示。

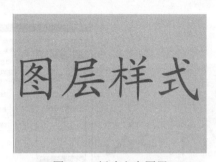

图 5-8　新建文字图层

② 单击添加图层样式按钮 **fx.**，打开图层样式菜单，选择"光泽"，按图 5-9 所示设置参数。

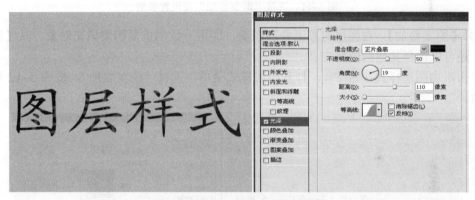

图 5-9　选择"光泽"及设置参数

（7）【颜色叠加】：在图层对象上叠加一种颜色，即用一层纯色填充到应用样式的对象上。从【设置叠加颜色】选项可以通过【选取叠加颜色】对话框选择任意颜色。

单击添加图层样式按钮 **fx.**，打开图层样式菜单，选择"颜色叠加"，按图 5-10 所示设置参数。

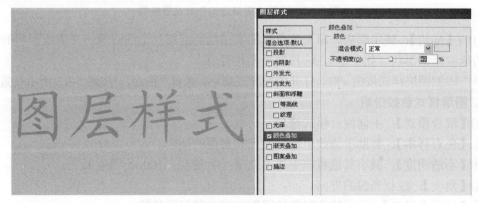

图 5-10　选择"颜色叠加"及设置参数

（8）【渐变叠加】：在图层对象上叠加一种渐变颜色，即用一层渐变颜色填充到应用样式的对象上。通过【渐变编辑器】还可以选择使用其他的渐变颜色。

单击添加图层样式按钮 $fx.$ ，打开图层样式菜单，选择"渐变叠加"，按图 5-11 所示设置参数。

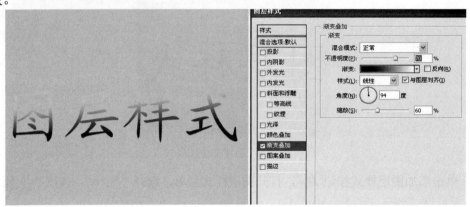

图 5-11　选择"渐变叠加"及设置参数

（9）【图案叠加】：在图层对象上叠加图案，即用一致的重复图案填充对象。从【图案拾色器】还可以选择其他的图案。

单击添加图层样式按钮 $fx.$ ，打开图层样式菜单，选择"图案叠加"，按图 5-12 所示设置参数。

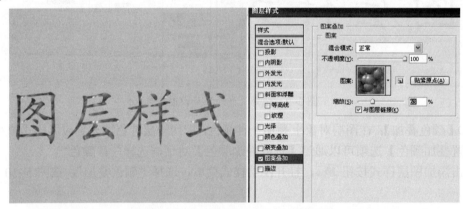

图 5-12　选择"图案叠加"及设置参数

（10）【描边】：使用颜色、渐变颜色或图案描绘当前图层上的对象、文本或形状的轮廓，对于边缘清晰的形状（如文本），这种效果尤其有用。

单击添加图层样式按钮 $fx.$ ，打开图层样式菜单，选择"描边"，按图 5-13 所示设置参数。

2. 图层样式参数说明

①【混合模式】：不同混合模式选项。

②【色彩样本】：有助于修改阴影、发光和斜面的颜色。

③【不透明度】：减小其值将产生透明效果（0=透明，100=不透明）。

④【角度】：控制光源的方向。

⑤【使用全局光】：可以修改对象的阴影、发光和斜面角度。

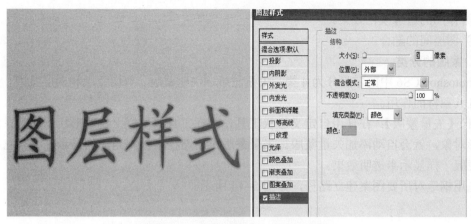

图 5-13　选择"描边"及设置参数

⑥【距离】：确定对象和效果之间的距离。

⑦【扩展/内缩】："扩展"主要用于"投影"和"外发光"样式，从对象的边缘向外扩展效果；"内缩"常用于"内阴影"和"内发光"样式，从对象的边缘向内收缩效果。

⑧【大小】：确定效果影响的程度，以及从对象的边缘收缩的程度。

⑨【消除锯齿】：打开此复选框时，将柔化图层对象的边缘。

⑩【深度】：此选项应用于浮雕或斜面边缘的深浅度。

5.2　图层蒙版的建立与使用

1. 概念

蒙版是一个很重要的技术，蒙版的作用有哪些，蒙版又是如何建立和使用的呢？

其实蒙版是传统印刷行业的一个术语。蒙版实际上是一个特殊的选择区域，记录为一个灰度图像。利用蒙版可以自由、精确地选择形状、色彩区域。从某种程度上讲，它是 Photoshop CS6 中最准确的选择工具。蒙版也是一种遮盖工具，它可以分离和保护图像的局部区域。当用蒙版选择了图像的一部分时，没有被选择的区域就处于被保护状态，这时再对选取区域运用颜色变化、滤镜和其他效果时，蒙版就能隔离和保护图像的其余区域。蒙版中只能使用灰度模式的颜色（从黑色到白色），其中填充了黑色的就完全透明，填充了白色的就不透明。当蒙版的灰度增加时，被覆盖的区域会变得愈加透明，利用这一特性，我们可以用蒙版改变图片中不同位置的透明度，甚至可以代替"橡皮"工具在蒙版上擦除图像，而不影响到图像本身。当效果不满意，我们可以扔掉蒙版，保留原图，不具有破坏性。

2. 蒙版的优点和主要作用

（1）Photoshop CS6 蒙版的优点。

① 修改方便，不会因为使用橡皮擦或剪切删除而造成不可返回的遗憾。

② 可运用不同滤镜，以产生一些意想不到的特效。

③ 任何一张灰度图都可用来作蒙版。

（2）Photoshop CS6 蒙版的主要作用。

① 抠图。

② 作图的边缘淡化效果。

③ 图层间的融合。

3. 蒙版的分类

Photoshop CS6 中的蒙版分为 4 类：矢量蒙版、快速蒙版、剪切蒙版和图层蒙版，每类蒙版都有其独特的作用。

（1）【矢量蒙版】：在使用自定义形状工具，并在工具属性栏上设置形状图层时，所创建的图形对象，就会自动添加矢量蒙版。矢量蒙版是用路径来控制当前的显示区域。它不能像图层蒙版一样显示半透明效果。

先用钢笔对所要图案建立路径，如图 5-14 所示。

图 5-14　建立路径

执行菜单中的【图层】|【矢量蒙版】|【当前路径】得到图 5-15（a），按回车确认得到我们想要的图案，如图 5-15（b）所示。与直接用路径的方法相比，蒙版操作主要是保护原图不受破坏。

（a）　　　　　　　　　　　（b）

图 5-15　蒙版

（2）【快速蒙版】：它起到保护图层图像的作用。进入到快速蒙版编辑状态之下，所有的操作只针对蒙版，而不是图层图像。

① 打开"花"原图文件，单击快速蒙版按钮 ▢ ，见图 5-16。

图 5-16　"花"原图

② 使用画笔工具,将想要的图案涂好,如图 5-17 所示。

③ 单击快速蒙版按钮 ▢ ,这时所涂的图案变成了选区,如图 5-18 所示。

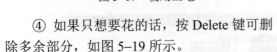

图 5-17　使用画笔

图 5-18　快速蒙版选区

④ 如果只想要花的话,按 Delete 键可删除多余部分,如图 5-19 所示。

(3)【剪切蒙版】:剪切蒙版和被蒙版的对象起初被称为剪切组合,并在【图层】调板中用虚线标出。

下面我们做一个小例子,让蝴蝶的一只翅膀出现花纹。

① 打开"蝴蝶"和"花"两个文件,利用磁性套索工具选中蝴蝶的一只翅膀。在选区上右击,通过复制图层,得到图层 1,如图 5-20 所示。

图 5-19　删除

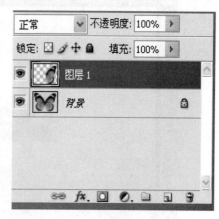

图 5-20   图层 1

② 将所需图案做成图层 2，在图层 2 上单击右键，创建剪贴蒙版，如图 5-21 所示。

图 5-21   创建剪贴蒙版

③ 为图层 2 添加图层样式的混合选项，混合模式选择"正片叠底"，得到图 5-22 所示效果。

图 5-22   "正片叠底"效果

（4）【图层蒙版】：图层蒙版是作图最最常用的工具，图层蒙版相当于一个 8 位灰阶的 Alpha 通道。平常所说的蒙版一般也是指图层蒙版。可以这样说，如果没掌握蒙版，就不算已经迈进了 Photoshop CS6 的门槛。

① 打开素材图片蝴蝶和背景图片，让背景覆盖蝴蝶，这样我们就看不到蝴蝶了，如图 5-23 所示。

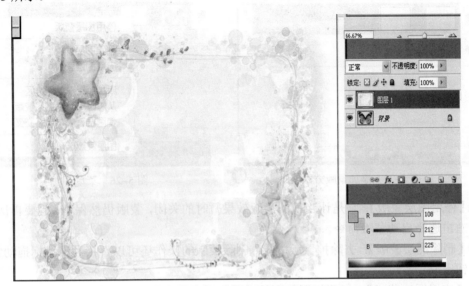

图 5-23　被覆盖的原图

② 打开素材图片蝴蝶，单击添加蒙版按钮，为图层 1 添加蒙版。在蒙版上用画笔工具从左到右依次使用白色，灰色，黑色。白色全部遮住，灰色若隐若现，黑色全部显示，如图 5-24 所示。

图 5-24　添加蒙版

4. 蒙版的基本操作

（1）添加图层蒙版的方法：默认之下，直接点击添加图层蒙版按钮，蒙版中填充的是白色，图层没有反应。按住 Alt 键点击添加蒙版按钮，蒙版中填充的是黑色，图层就完全透明。图 5-25 为添加蒙版方法。填充不同程度的灰色，就会出现不同程度的透明效果。

（2）在图层蒙版上右击所弹出的菜单中（见图 5-26）选择。

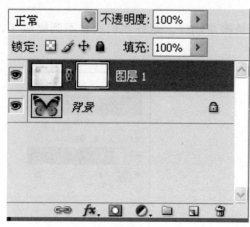

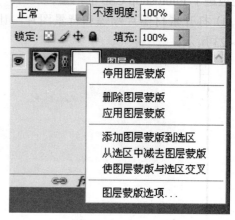

图 5-25　添加蒙版方法

图 5-26　菜单

①【停用图层蒙版】：它是让当前的蒙版效果暂时的关闭，蒙版仍然保留。想要再次启动，就再次右击选择启动蒙版命令。

②【删除图层蒙版】：去除掉蒙版效果，删除蒙版的操作还可以直接利用鼠标拖动蒙版到删除按钮上。

③【应用图层蒙版】：把蒙版所起到的透明作用应用在图层上，蒙版删除。

5.3　综合案例

1. Photoshop CS6 制作古典黄金字

（1）执行菜单【文件】|【新建】输入名称"黄金字"，将大小设置为 600 像素×400 像素，分辨率设置为 72 像素/英寸，然后单击【确定】按钮，如图 5-27 所示。

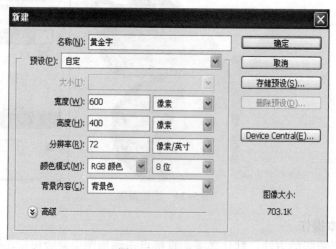

图 5-27　新建文件

（2）选择工具箱中的【横排文字工具】，输入文字，将文字的颜色设置为白色，并设置为较粗的字体，如图 5-28 所示。

图 5-28 输入文字

（3）选择菜单命令【图层】|【图层样式】|【内发光】，打开【图层样式】对话框，设置"内发光"图层样式。其中发光颜色的数值为 473902，如图 5-29 所示。

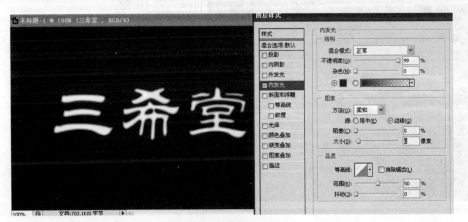

图 5-29 设置"内发光"

（4）设置【斜面和浮雕】图层样式。其中"高光模式"最右侧的颜色（高光色）设置为f2ce02，"阴影模式"最右侧的颜色（阴影色）设置为 2e1201，如图 5-30 所示。

图 5-30 "斜面和浮雕"

（5）执行【编辑】|【定义】图案，如图5-31所示，将添加纹路和色泽两张图。

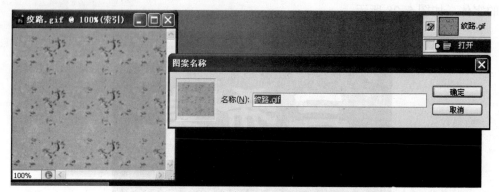

图5-31　定义图案名称

（6）设置"纹理"图层样式，如图5-32所示。

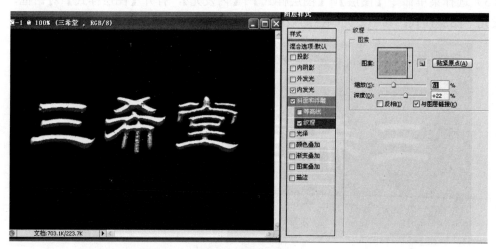

图5-32　设置"纹理"

（7）设置"光泽"图层样式，如图5-33所示。

图5-33　设置"光泽"

（8）设置"图案叠加"图层样式，如图 5-34 所示。

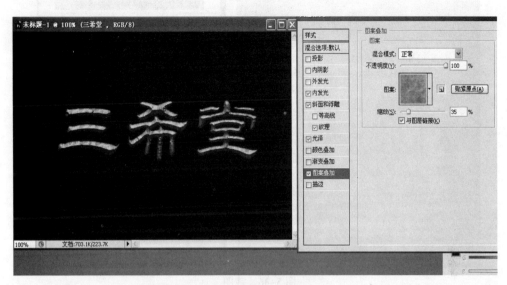

图 5-34　设置"图案叠加"

（9）设置完这些图层样式后，单击【确定】按钮，就可以看到最终效果了，如图 5-35 所示。

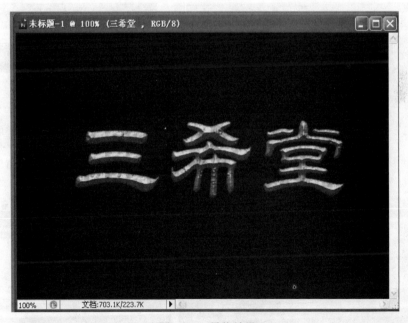

图 5-35　最终效果

2. 换脸教程

（1）运用 Photoshop CS6 打开"猴子"和"人"素材图，用套索工具把原图"人"套住后，用移动工具，在选区里按住鼠标左键，拖到"猴子"的上面后，松开鼠标左键，如图 5-36 所示。

图 5-36　裁图

（2）把"图层 1"的不透明度设置为 75%（目的是便于观看上下层的对齐），选择【编辑】|【变换】|【扭曲】，调整图层 1 大小和位置，如图 5-37 所示。

图 5-37　调整

（3）把图层 1 的不透明度调回 100%，单击添加蒙版按钮，给图层 1 添加蒙版，前景色为黑色，选用柔角画笔，不透明度为 100%在头像边缘涂抹，如图 5-38 所示。

图 5-38 蒙版

（4）通过【图像】|【调整】|【可选颜色】，加深面部颜色至接近猴子本色，如图 5-39 所示。

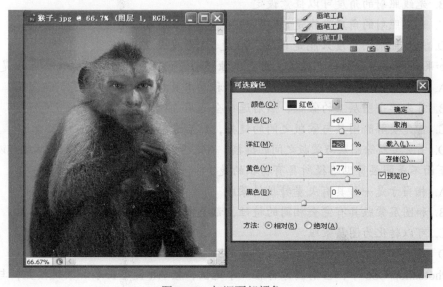

图 5-39 加深面部颜色

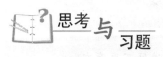 思考 与 习题

一、填空题

1. 图层样式的主要作用是给当前图层中的图像添加各种_____。

2. 应用图层样式十分简单，可以为包括_____、_____和形状图层在内的任何种类图层的应用图层样式。

3. 将在对象、文本或形状的内边缘添加阴影，让图层产生一种＿＿＿＿＿＿＿＿外观。

4. Photoshop CS6 中的蒙版分为 4 类：＿＿＿＿＿＿＿、快速蒙版、＿＿＿＿＿＿＿和矢量蒙版，每类蒙版都有其独特的作用。

二、单项选择题

1. 若要进入快速蒙版状态，应该（　　　）。

    A. 建立一个选区　　　　　　　　　　B. 选择一个 Alpha 通道

    C. 单击工具箱中的快速蒙版图标　　　D. 单击编辑菜单中的快速蒙版

2. 在 Photoshop CS6 中复制图像某一区域后，创建一个矩形选择区域，选择【编辑】|【粘贴入】命令，此操作的结果是（　　　）。

    A. 得到一个无蒙版的新图层

    B. 得到一个有蒙版的图层，但蒙版与图层间没有链接关系

    C. 得到一个有蒙版的图层，而且蒙版的形状为矩形，蒙版与图层间有链接关系

    D. 如果当前操作的图层有蒙版，则得到一个新图层，否则不会得到新图层

3. 在设定层效果（图层样式）时（　　　）。

    A. 光线照射的角度是固定的

    B. 光线照射的角度可以任意设定

    C. 光线照射的角度只能是 60 度、120 度、250 度或 300 度

    D. 光线照射的角度只能是 0 度、90 度、180 度或 270 度

4. 如果在图层上增加一个蒙版，当要单独移动蒙版时下面操作方法（　　　）是正确的。

    A. 首先单击图层上的蒙版，然后选择移动工具就可以了

    B. 首先单击图层上的蒙版，然后选择全选用选择工具拖曳

    C. 首先要解除图层与蒙版之间的链接，然后选择移动工具就可以了

    D. 首先要解除图层与蒙版之间的链接，再选择蒙版，然后选择移动工具就可以移动了

5. 下面不是图层剪贴路径所具有特征的是（　　　）。

    A. 相当于是一种具有矢量特性的蒙版

    B. 和图层蒙版具有完全相同的特性，都是依赖于图像的分辨率的

    C. 可以转化为图层蒙版

    D. 是由钢笔工具或图形工具来创建的

6. Photoshop CS6 中，当前图像存在一个选区，按 Alt 键单击添加蒙版按钮，与不按 Alt 键单击添加蒙版按钮，其区别是（　　　）所描述的。

    A. 蒙版恰好是反相的关系

    B. 没有区别

    C. 前者无法创建蒙版，而后者能够创建蒙版

    D. 前者在创建蒙版后选区仍然存在，而后者在创建蒙版后选区不再存在

7. 下面关于图层的描述（　　　）是错误的。

    A. 背景图层不可以设置图层样式和图层蒙版

    B. 背景图层可以移动

    C. 不能改变其"不透明度"

D. 背景层可以转化为普通的图像图层

8. 斜面和浮雕（Bevel and Emboss）可以说是 Photoshop CS6 层样式中最复杂的，其中不包括（　　　）。

　A. 内斜面　　　　　B. 浮雕　　　　　　C. 描边浮雕　　　　D. 立体浮雕

9. 描边样式直观简单，就是用指定颜色沿着层中非透明部分的边缘描边，很常用，不包括（　　　）。

　A. 大小　　　　　　B. 位置　　　　　　C. 填充类型　　　　D. 粗细

10. "渐变叠加"样式多出来的选项不包括（　　　）。

　A. 渐变　　　　　　B. 样式　　　　　　C. 缩放　　　　　　D. 花纹

三、多项选择题

1. Photoshop CS6 中 Transform（变换）命令可以对以下哪些对象操作？（　　　）

　A. 图层中选取的部分区域　　　　　　　B. Alpha 通道

　C. 图层蒙版　　　　　　　　　　　　　D. 背景层

2. Photoshop CS6 中下面对于图层蒙版叙述正确的是（　　　）。

　A. 使用图层蒙版的好处在于，能够通过图层蒙版隐藏或显示部分图像。

　B. 使用蒙版能够很好的混合两幅图像

　C. 使用蒙版能够避免颜色损失

　D. 使用蒙版可以减小文件大小

3. Photoshop CS6 中对 LayerMask（图层蒙版）描述正确的是（　　　）。

　A. 图层蒙版相当于一个 8 位灰阶的 Alpha 通道

　B. 在图层蒙版中，不同程度的灰色表示图像以不同程度的透明度进行显示

　C. 按 Esc 键可以取消图层蒙版的显示

　D. 在背景层中是不能建立图层蒙版的

4. 下面对图层上的蒙版的描述哪些是正确的？（　　　）

　A. 图层上的蒙版相当于一个 8 位灰阶的 Alpha 通道

　B. 当按住 Option (Mac)/Alt (Windows) 键单击图层调板中的蒙版，图像中就会显示蒙版

　C. 在图层调板的某个图层中设定了蒙版，会发现在通道调板中有一个临时 Alpha 通道

　D. 在图层上建立蒙版只能是白色的

5. 下面对图层蒙版的显示、关闭和删除的描述正确的是（　　　）。

　A. 按住 Shift 键同时单击图层选项栏中的蒙版图标就可关闭蒙版，使之不在图像中显示

　B. 当在图层调版的蒙版图标上出现一个黑色的×记号，表示将图像蒙版暂时关闭

　C. 图层蒙版可以通过图层调板中的垃圾桶图标进行删除

　D. 图层蒙版创建后就不能被删除

6. 下列关于蒙版的描述哪些是正确的？（　　　）

　A. 快速蒙版的作用主要是用来进行选区的修饰

　B. 图层蒙版和图层剪贴路径是不同类型的蒙版，它们之间是无法转换的

　C. 图层蒙版可转化为浮动的选择区域

　D. 当创建蒙版时，在通道调板中可看到临时和蒙版相对应的 Alpha 通道

7. 下面（　　　）是图层剪贴路径所具有的特征。

A. 相当于是一种具有矢量特性的蒙版

B. 和图层蒙版具有完全相同的特性，都是依赖于图像分辨率的

C. 可以转化为图层蒙版

D. 是由钢笔工具或图形工具来创建的

8. Photoshop CS6 提供了很多种图层的混合模式，下面哪些混合模式可以在绘图工具中使用而不能在图层之间使用？（　　　）

A. 溶解　　　　　B. 清除　　　　　C. 背后　　　　　D. 色相

9. 下面哪些对正片叠底（Multiply）模式描述是正确的？（　　　）

A. 将底色的像素值和绘图色的像素值相乘，然后再除以 255 得到的结果就是最终色

B. 像素值取值范围是 0～100

C. 任何颜色和白色执行相乘模式结果都将变为黑色

D. 通常执行相乘模式后颜色较深

四、判断题

1. Photoshop CS6 中的蒙版层是可以不依附其他图层单独出现在图层面板上的。（　　　）

2. 图层蒙版和图层剪贴路径是不同类型的蒙版，它们之间是无法转换的。（　　　）

3. 改变"填充不透明度"只影响图层中原有的像素或绘制的图形，并不影响已使用图层样式后带来的图层样式效果的不透明度。（　　　）

4. 在【图层样式】对话框中可设定 100 种不同的图层效果。（　　　）

5.【投影】在图层内容背后添加阴影。（　　　）

6. 如果图层没有应用"描边"效果，则"描边浮雕"效果不可见。（　　　）

7. "颜色叠加""渐变叠加"和"图案叠加"这 3 种图层效果都可以直接在图像上填充，但是填充的内容不同，分别为填充单一颜色、填充渐变颜色和填充图案。（　　　）

8. 光泽（Satin）有时也译作"绸缎"，用来在层的上方添加一个光泽效果，选项虽然不多，但很难准确把握，微小的设置差别都会使效果产生很大的变化。（　　　）

9. 蒙版只能全部显示下一图层图像。（　　　）

10. 图层除了可以改变位置和层次以外，还可以设定各自的不透明度，这也是很多视觉特效的实现方法之一。（　　　）

第 6 章

路 径 的 应 用

路径是 Photoshop CS6 中的重要工具，主要用来绘制光滑的线条和用于选择光滑图像区域。

6.1 绘 制 路 径

1. 认识路径

在 Photoshop CS6 中，路径是由贝塞尔曲线构成的一段闭合的曲线段，它是由一系列的锚点、直线或曲线段组成。

路径的功能如下。

① 创建选区：可以创建任意形状的路径，然后将其转换为选区。

② 绘制图形：建立路径后，利用路径的描边和填充命令，可以制作任意形状的矢量图形。

③ 编辑选区：可以把选区转换为路径，通过路径的编辑功能，达到修改选区的目的。

④ 剪贴路径：利用路径的剪贴功能，可以将在 Photoshop CS6 中制作的图像插入到其他图像软件时，去除其路径之外的图像背景，使之透明，而路径之内的图像则可以被贴入。

路径工具在工具箱的钢笔工具组中，如图 6-1 所示钢笔工具组。

为了便于编辑路径，在工具箱中还提供了路径选择工具，如图 6-2 所示。

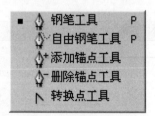

图 6-1　钢笔工具组　　　　　　　图 6-2　路径选择工具

2. 使用钢笔工具绘制路径

使用钢笔工具可以绘制直线和曲线路径，其优点是可以勾画出平滑的曲线。绘制的路径可以是不封闭的开放状态，还可以是封闭的路径，其工具栏属性如图 6-3 所示。

图 6-3　钢笔工具栏属性

工具栏上的参数含义如下。

① 按钮组：分别用来创建形状图层、工作路径和填充区域。

② 按钮组：用于在各种形状工具之间切换。

③ ☑自动添加/删除：当选中该项时，移动钢笔到已有路径上单击，可以增加一个锚点，而移动钢笔到路径的锚点上单击，则可以删除该锚点。

（1）绘制直线路径。操作方法如下。

➤ 选择钢笔工具，在图像编辑窗口单击创建路径起始点，绘制第一个锚点。

➤ 将光标移动到其他位置单击即可得到第二个锚点，两个锚点间将连成一条直线。使用相同的操作，可以得到其他的锚点并添加直线。

➤ 如果想结束一个开放的路径，按下 Ctrl 键并单击路径外任意位置即可。

如果想创建一个封闭的路径，单击创建的第一个锚点即可。

图 6-4 为绘制的直线开放路径，图 6-5 为绘制的直线封闭路径。

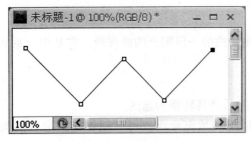

图 6-4　直线开放路径

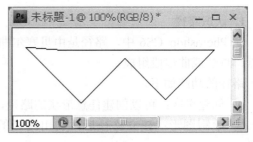

图 6-5　直线封闭路径

（2）绘制曲线路径。操作方法如下。

➤ 选择钢笔工具，在曲线开始的位置单击并拖曳，得到一个带有方向控制杆的锚点，如图 6-6 所示，创建第一个锚点。

➤ 单击下一点并拖曳，两点间出现曲线段，曲线段的弯曲度和方向，由控制杆的长度和斜度决定，如图 6-7 所示。

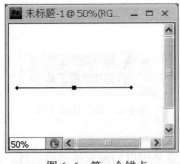

图 6-6　第一个锚点

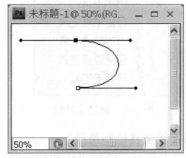

图 6-7　第二个锚点

➤ 以此类推，可以继续创建路径上的其他曲线段。结束曲线路径的方式和结束直线路径的方式一样。

3. 使用自由钢笔工具绘制路径

自由钢笔工具不是通过设置节点来建立路径的，它是通过自由手绘曲线来建立路径。使用自由钢笔工具就像用铅笔在纸上绘图一样随意，如图 6-8 所示为自由钢笔工具属性栏。其属性栏比钢笔工具属性栏多出一个□磁性的复选框，当选择该项时，自由钢笔工具将变为磁性钢笔，磁性钢笔工具与磁性套索工具类似，在拖动鼠标创建路径时能够自动跟踪图像的边缘来绘制，同时产生一系列的锚点，如图 6-9 所示。

图 6-8　自由钢笔工具属性

当单击属性工具栏上的图标后的下拉按钮时，会弹出如图 6-10 所示的【自由钢笔选项】对话框。

图 6-9　磁性钢笔工具绘制路径

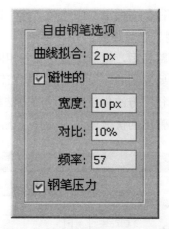

图 6-10　【自由钢笔选项】对话框

【自由钢笔选项】对话框面板上的参数含义如下。

①【曲线拟合】：用于控制路径的灵敏度，范围 0.5～10 px（像素）。数值越小，形成路径的锚点越多；反之，锚点就少。

②【宽度】：用于定义磁性钢笔探测的距离，数值越大，距离就越大。

③【对比】：用于定义磁性钢笔对边缘的敏感程度，较高的值只探测与周边强烈对比的边缘，较低的值探测低对比度的边缘。

④【频率】：用于定义磁性钢笔在绘制路径时的节点密度，数值越大得到的节点数就越多。

⑤【钢笔压力】：使用绘图板压力改变钢笔宽度。

6.2　编　辑　路　径

创建完路径后，有时根据需要对路径进行调整和编辑。

1. 选择路径和锚点

在对路径进行编辑操作时，首先要选择路径或路径上的锚点，这时就要用路径选择工具，即路径选择工具和直接选择工具。

（1）路径选择工具：可以选择并移动整个路径。使用路径选择工具在路径区域内任意位置单击即可选中整个路径，此时路径上所有锚点都以实心方块显示。将鼠标放在路径区域任意位置单击并拖动即可移动整个路径。

（2） ☝ **直接选择工具**：主要用来调整路径和节点的位置。使用它在路径上单击可以直接调整路径；在锚点上单击可以移动节点和调整路径形状；使用直接选择工具框选所有锚点也可以选择整个路径。

2．添加和删除锚点

通过钢笔工具组中的添加锚点工具 ✑ **添加锚点工具** 和删除锚点工具 ✑ **删除锚点工具** 来完成。选择这两个工具单击路径或者锚点即可。另外，使用 ⌐ **转换点工具** 可以将直线锚点和曲线锚点相互转换。

3．重命名路径

在【路径】面板上双击路径名称，即可变为可编辑状态，输入新的路径名称就可以。

4．复制、删除路径

绘制好路径后，如果还需要一条相同的路径，通过复制路径来实现。方法是：在【路径】面板上选择要复制的路径，单击鼠标右键，在弹出的快捷菜单中选择【复制路径】命令即可。

删除路径的方法与复制路径的方法相似，在【路径】面板上选择要删除的路径，单击鼠标右键，在弹出的快捷菜单中选择【删除路径】命令即可。

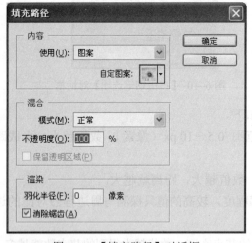

图 6-11 【填充路径】对话框

5．填充路径

创建完路径后，可以直接使用颜色和图案来填充路径范围。单击【路径】面板右上角的 ☰ 按钮，在弹出的菜单中选择【填充路径】命令，打开如图 6-11 所示的【填充路径】对话框。

其中各个参数的含义如下。

①【内容】：在该栏可以选择填充路径的方式，如前景色、背景色、图案等。

②【混合】：在该栏可以设置源图像的混合模式及填充效果的不透明度。

③【羽化半径】：可以设置填充边缘的羽化效果。

如图 6-12 为选择的路径，图 6-13 为将选择的路径进行图案填充。

6．描边路径

描边路径可以使用绘图工具和修饰工具沿着路径勾勒路径的轮廓线来绘制或修饰图像。操作方法如下。

➤ 创建路径，单击【路径】面板右上角的 ☰ 按钮，在弹出的菜单中选择【描边路径】命令。

➤ 打开【描边路径】对话框，如图 6-14 所示，在工具下拉列表框中选择用来描边的工具。

图 6-12 选择的路径

图 6-13 图案填充后的路径

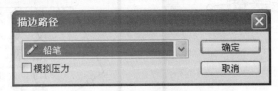

图 6-14 【描边路径】对话框

7. 路径和选区的互换

路径和选区是可以相互转换的，它们之间的相互转换是一项非常有用的操作。

1）将路径转换为选区

路径转换为选区后，就可以执行针对选区的所有命令进行编辑操作。

操作方法如下。

方法一：选择编辑好的路径，单击【路径】面板底部的【将路径作为选区载入】按钮，可以直接将路径转换为选区。

方法二：选择编辑好的路径，选取【路径】面板菜单中的【建立选区】命令，将打开【建立选区】对话框，如图 6-15 所示，在该对话框中进行相应参数的设置，即可将路径转化为选区。

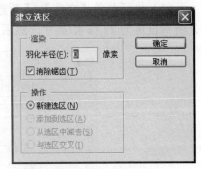

图 6-15 建立选区对话框

2）将选区转换为路径

可以将使用选择工具建立的选区转换为路径。

操作方法如下：

方法一：通过在【路径】面板上单击底部的【从选区生成工作路径】按钮，可以直接将当前的选择区域转换为路径。

方法二：选取【路径】面板菜单中的【建立工作路径】命令，在打开的【建立工作路径】对话框中，通过"容差"值可以设置转换为路径后的锚点密度。值的范围 0.5～10 像素。值越高，产生的锚点越少，生成的路径就越不平滑；值越小，产生的锚点就越多，生成的路径就越平滑。

8. 创建并编辑文本路径

文本路径就是使文本沿着路径输入。

1）沿开放路径输入文本

先创建路径，然后单击工具箱上的直排文字工具，移动鼠标到路径上，单击鼠标，当路径上出现一个光标时，在光标处输入文本即可，如图 6-16 为沿开放路径输入的文本。

2）沿封闭路径输入文本

沿封闭路径即可在路径上输入文本，也可以在封闭的区域内输入文本。输入文本的方法与沿开放路径输入文本的方法一样，图 6-17 为封闭的路径内部输入的文本。

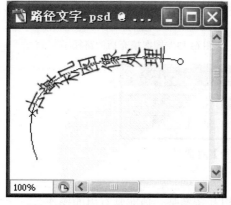

图 6-16　沿开放路径输入的文本

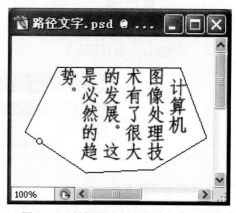

图 6-17　封闭的路径内部输入的文本

6.3　综 合 案 例

Photoshop CS6 制作信封和邮票

（1）执行菜单【文件】|【新建】输入名称"信封"，将大小设置为 162 毫米×114 毫米，分辨率设置为 72 像素/英寸，然后单击【确定】按钮，新建"信封"文件如图 6-18 所示。

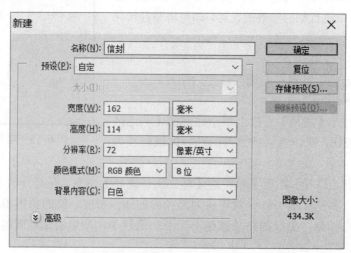

图 6-18　新建"信封"文件

（2）执行菜单【文件】|【打开】，在素材中找到"牛皮纸.jpg"，使用【移动工具】，将"牛皮纸"拖到信封内，使用【自由变换】命令，调整牛皮纸大小，如图 6-19 所示覆盖"牛皮纸"。

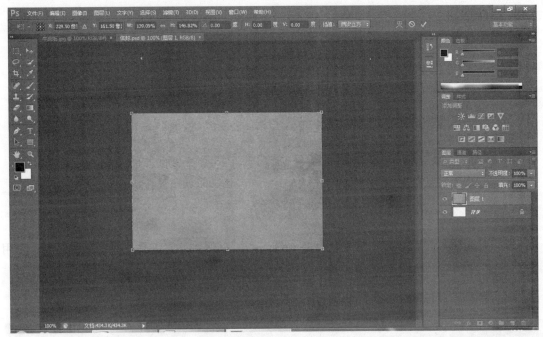

图 6-19　覆盖"牛皮纸"

（3）选择【矩形工具】，填充"无"，描边"红色"，绘制邮政编码的填写方格，首格绘制，其余复制图层获得，如图 6-20 所示。

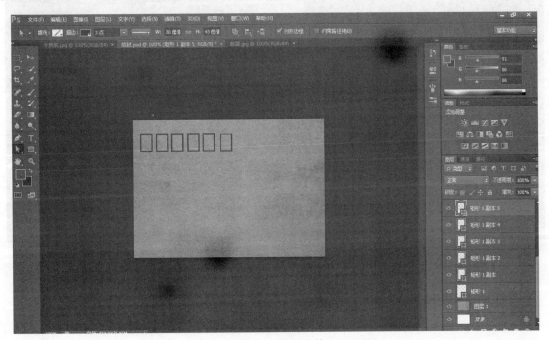

图 6-20　绘制方格

（4）设置画笔参数，如图 6-21 所示。

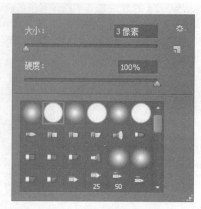

图 6-21　设置画笔参数

（5）新建图层"横线"，本案例进行路径练习，所以使用钢笔工具，绘制直线路径，使用画笔工具进行描边，如图 6-22 所示。

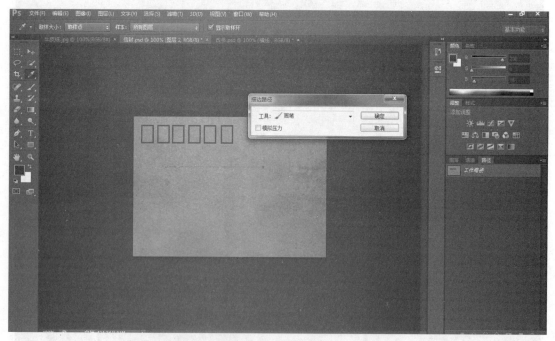

图 6-22　路径描边

（6）通过复制和移动，完成地址 3 道横线，使用文字工具填写文字，如图 6-23 所示。

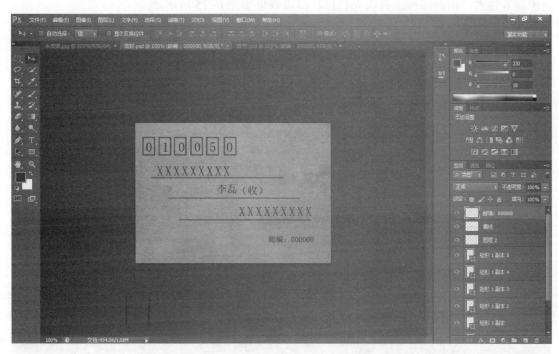

图 6-23　制作横线完成文字填写

（7）打开"邮票.jpg"素材，移动到"信封"中，如图 6-24 所示。

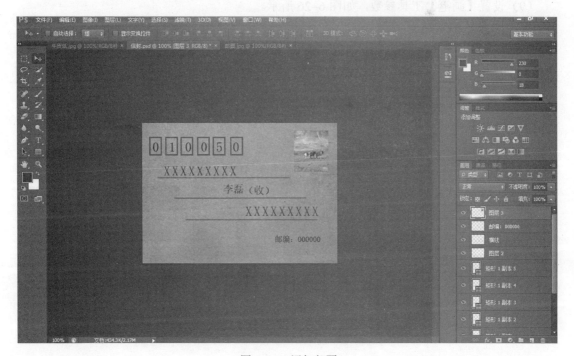

图 6-24　添加邮票

（8）按住 Ctrl 键单击邮票图层载入选区，选择【选择】|【修改】|【扩展】命令，将选区扩展 6 像素，用油漆桶工具填充白色，白边效果如图 6-25 所示。

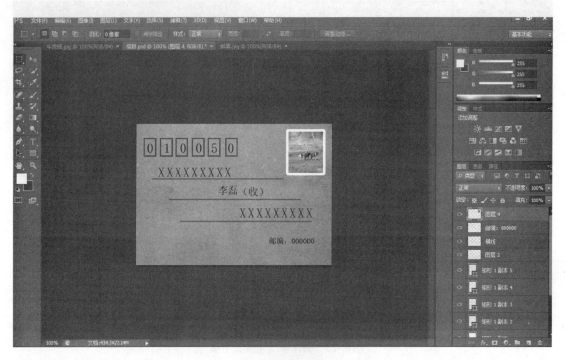

图 6-25　添加白边

（9）设置【画笔】工具参数，如图 6-26 所示。

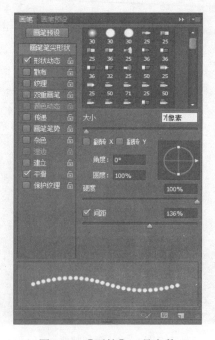

图 6-26　【画笔】工具参数

（10）按住 Ctrl 键单击"邮票"所在图层载入选区，在路径面板单击【从选区生成路径】按钮，如图 6-27 所示。

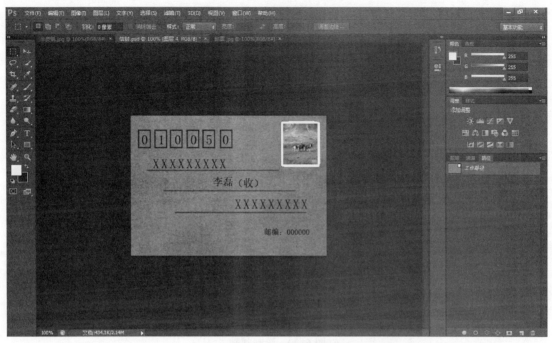

图 6-27　生成路径

（11）在路径面板单击【用画笔描边路径】按钮，为邮票打孔，如图 6-28 所示。

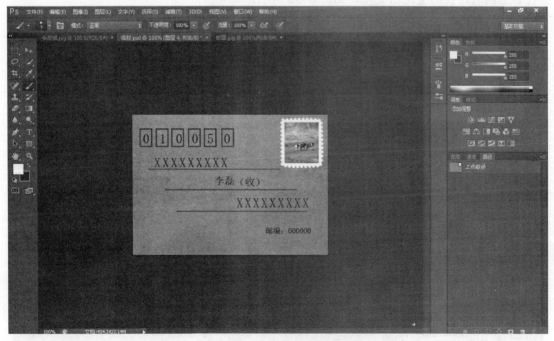

图 6-28　画笔描边

（12）使用【椭圆工具】绘制邮戳，在中间写日期，使用"钢笔工具"，建立上下弧线路径，如图 6-29 所示。

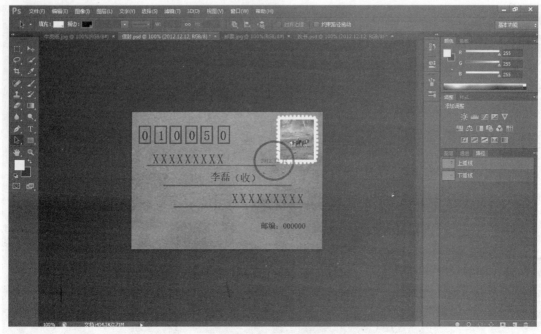

图 6-29　绘制邮戳

（13）将【文字工具】移到弧线路径上，上弧线输入"内蒙古"，下弧线输入"旅游"，文字位置会随着路径的变化而变化，如图 6-30 所示。

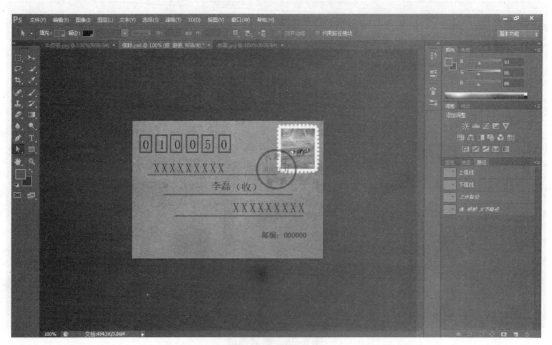

图 6-30　路径文字

思考 与 习题

一、单项选择题

1. 下面哪些工具可以进行路径的编辑？（　　）

　　A. 钢笔工具　　　B. 自由钢笔工具　　　C. 添加锚点工具　　　D. 文字工具

2. 按（　　　）键可以将路径转化为选区。

　　A. Ctrl + A　　　　B. Ctrl + Alt　　　　C. Ctrl + Shift　　　　D. Ctrl + Enter

3. 单击【路径】面板底部的（　　　）按钮可将选区转化为路径曲线。

　　A. 　　　B. 　　　C. 　　　D.

二、简答题

1. 简述路径的几种创建方法。

2. 简述沿封闭路径输入文本和在路径内部创建段落文本的方法。

三、操作题

1. 制作如图 6-31 所示的路径文字。

图 6-31　练习题

第7章

调整图像的色调与色彩

7.1 图像的色调调整

图像的色调调整命令主要包括：色阶、曲线、色彩平衡、亮度/对比度、自动色阶和自动对比度，利用它们可以调整图像的明暗程度。下面分别介绍。

7.1.1 色阶

【色阶】命令主要用于调节图像的明度。用色阶来调节明度，图像的对比度、饱和度损失较小。而且色阶调整可以通过输入数字，对明度进行精确的设定。下面通过一个实例来学习该命令的用法。

（1）打开素材"色阶调整.jpg"图像文件，如图 7-1 所示。由于该图片在拍摄时受综合因素的影响，照片的色调偏灰，没有层次感，好像被水洗过，对于这样的照片，我们可以选用【色阶】命令进行调整。

（2）选择【图像】|【调整】|【色阶】菜单或按 Ctrl+L 组合键，打开【色阶】对话框，如图 7-2 所示。从色阶直方图可以看出，这张照片的像素基本上分布在中等亮度区域，这就是照片偏灰的原因。

图 7-1　打开素材图片

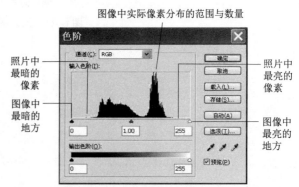

图 7-2　【色阶】对话框

> 【通道】：用于选择要调整色调的颜色通道。

> 【输入色阶】：该项目包括 3 个编辑框，分别用于设置图像的暗部色调、中间色调和亮部色调。

> 【输出色阶】：用于限定图像的亮度范围。其下的两个文本框用于提高图像的暗部色

调和降低图像的亮度。

➢ ✐ ✐ ✐ 【吸管工具】：用设置黑场工具 ✐ 在图像中单击，可使图像中比该点深的色调变为黑色；用设置白场工具 ✐ 在图像中单击，可使图像中比该点浅的色调变为白色；用设置灰点工具 ✐ 在图像中单击，可根据单击点的像素的亮度来调整其他中间色调的平均亮度。

➢【选项】按钮：单击该按钮可打开【自动颜色校正选项】对话框，利用该对话框可设置暗调、中间值的切换颜色，以及设置自动颜色校正的算法。

➢【预览】复选框：勾选该复选框，在原图窗口中可设置预览图像调整后的效果。

（3）用鼠标将【输入色阶】左侧的黑色滑块 ▲ 向右拖动，确定图像中最暗像素的位置，此时可看到图像变暗了，如图 7-3 右图所示。因为黑色滑块表示图像中最暗的地方，现在黑色滑块所在的位置是原来灰色滑块所在位置，这里对应的像素原来是中等亮度的，现在被确定为最暗的黑色，黑色的空间几乎占所有像素的一半，所以图像就变暗了。

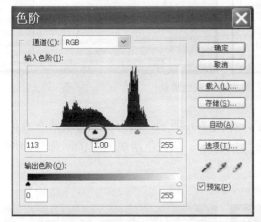

图 7-3　调整黑色滑块位置

（4）按住 Alt 键，【色阶】对话框中的【取消】按钮变成【复位】，单击【复位】按钮，使各项参数设置恢复到刚打开对话框时的状态。

（5）用鼠标将【输入色阶】最右侧的白色滑块 △ 向左拖动，确定图像中最亮像素的位置。此时可看到照片变亮了，如图 7-4 所示，原理同（3）的描述。

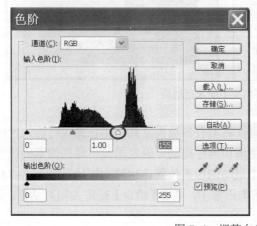

图 7-4　调整白色滑块位置

（6）将各项参数恢复到初始状态。黑白两个滑块不动，将中间灰色滑块向左拖曳，图像变亮了，如图 7-5 所示。因为灰色滑块所在点原来很暗的像素被指定为中间亮度的像素，从灰色滑块向右的亮度空间增加了，所以照片变白了，变灰了。

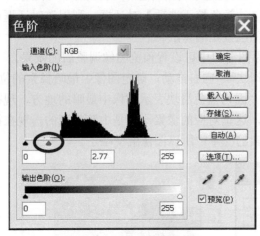

图 7-5　向左拖曳中间灰色滑块

（7）将灰色滑块向右拖曳，图像变暗了，如图 7-6 所示。因为灰色滑块所在点原来的像素是很亮的，现在这些像素被指定为中间亮度的像素，从灰色滑块向左的暗部空间增加了，所以照片变暗了。

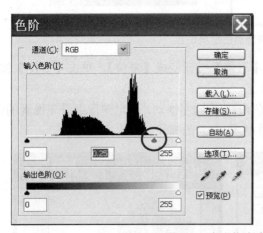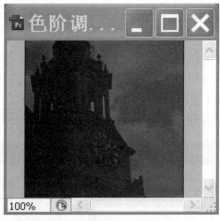

图 7-6　向右拖曳中间灰色滑块

（8）以上效果均不符合设计要求，因此再次将所有参数恢复到初始状态。将输入色阶的灰色滑块稍向右移动降低图像中间亮度；将白色滑块向左拖动，确定图像中最亮像素的位置，也称为白场；将黑色滑块向右拖动，确定图像中最暗的像素位置，也称为黑场，如图 7-7 所示。这样，图像有了最暗和最亮的像素，色调就基本正常了，单击【确定】按钮关闭对话框。图 7-8 所示为调整后的效果图。

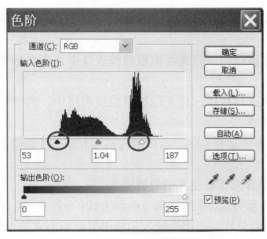

图 7-7　设置正确的色阶值　　　　　　　　图 7-8　调整后的效果图

7.1.2　曲线

曲线命令可以综合调整图像的色彩、亮度和对比度，使图像的色彩更加协调。该命令是用来改善图像质量方法中的首选，它不但可调整图像整体或单独通道的亮度、对比度和色彩，还可以调节图像任意局部的亮度。下面通过实例说明。

（1）打开"日落.jpg"图像文件，如图 7-9 所示。从图中可知，由于照片颜色比较暗淡，日落的感觉不够强烈，下面我们对其色调进行调整。

（2）选择【图像】|【调整】|【曲线】命令，或者按 Ctrl+M 键，打开如图 7-10 所示【曲线】对话框。

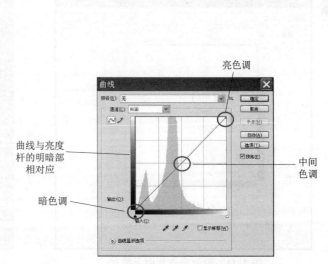

图 7-9　打开素材图片"日落"　　　　　　图 7-10　【曲线】对话框

➤【曲线】对话框中表格的横坐标代表了原图像的色调，纵坐标代表了图像调整后的色调，其变化的范围均为 0～255。在曲线上单击可创建一个或多个节点，拖动节点可调整节点的位置和曲线的形状，从而达到调整图像明暗程度的目的。

➢ 【通道】：单击其右侧的下拉三角按钮，从弹出的下拉列表中选择单色通道，可对单一的颜色进行调整。

➢ 【编辑点以修改曲线】按钮 ∿：单击该按钮，将光标放置曲线表格中，当光标变成画笔形状时，可以随意绘制所需的色调曲线。

➢ 【通过绘制来修改曲线】按钮 ✎：单击该按钮，将光标放置曲线表格中，当光标变成画笔形状时，可以随意绘制所需的色调曲线。

➢ ✐✐✐ 【吸管工具】：用于在图像中单击选择颜色，其作用与前面介绍的【色阶】对话框中的三个吸管工具相同。

➢ 【曲线显示选项】按钮 ❥：单击可以展开对话框更多的设置选项。

➢ 显示数量：用于设置输入和输出值的显示方式，系统提供了两种方式：一种是"光（0～255）"，即绝对值；一种是"颜料/油墨%"，即百分比。在切换输入和输出值显示方式的同时，系统还将改变亮度杆的变化方向。

➢ ⊞⊞ 按钮：用于控制曲线部分的网格密度。

➢ 显示：用于设置表格中曲线的显示效果；勾选【通道叠加】复选框，表示将同时显示不同颜色通道的曲线；勾选【基线】复选框，表示将显示一条浅灰色的基准线；勾选【直方图】复选框，表示将在网格中显示灰色的直方图；勾选【交叉线】复选框，表示在改变曲线形状时，将显示拖动节点的水平和垂直方向的参考线。

（3）将【通道】选成"红"，然后光标移至曲线中部单击，创建一个节点，并将其稍向上拖动，到适当位置后松开鼠标，如图 7-11 所示。这样操作的结果是增加了图像亮部的像素范围，且图像中间色调的像素亮度调高很多，所以可以看到图像很和谐地变红了，如图 7-12 所示。

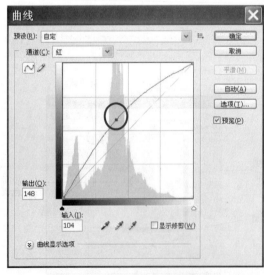

图 7-11　创建节点并向上拖动

图 7-12　图像变红

（4）【通道】选成"蓝"然后光标移至曲线中部单击，创建一个节点，并将其稍向下拖动，到适当位置后松开鼠标，如图 7-13 所示。这样操作的结果是增加了图像黄色的像素范围，所以可以看到图像变黄了，如图 7-14 所示。

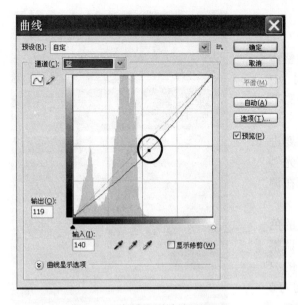

图 7-13 创建调节点向下滑动　　　　　　图 7-14 图像变黄了

　　（5）【通道】换成"RGB"，用鼠标在曲线的上部单击，创建一个节点，然后按住鼠标左键并将节点向上拖动，到适当的位置松开鼠标，如图 7-15 所示。可以提高照片的亮度，用鼠标在曲线的下部单击，再创建一个节点，并将节点稍向下拖动，降低图像暗调区域的亮度，增加反差，如图 7-16 所示。从图 7-16 可看出曲线呈 S 形，这种 S 形曲线可以同时扩大图像的亮部和暗部的像素范围，对于增强照片的反差很有效果。最后金黄色的落日层次分明地出现了，如图 7-17 所示。

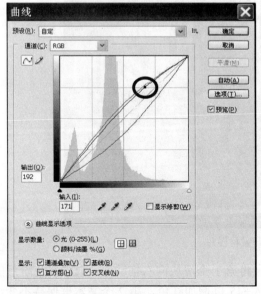

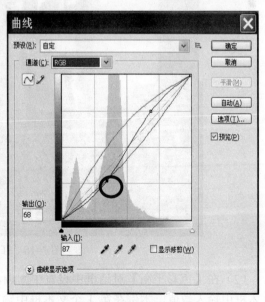

图 7-15 曲线的上部创建节点向上拖动　　　图 7-16 曲线的下部再创建节点向下拖动

7.1.3　色彩平衡

利用【色彩平衡】命令可以调整图像整体的色彩平衡。它可以单独调整图像的暗调、中间调和高光的色彩,使图像恢复正常的色彩平衡关系。

➢【色调平衡】设置区:用于选择需要进行调整的色调,包括"阴影""中间调""高光"。此外,选中【保持亮度】复选框,有助于在调整时保持色彩的平衡。

➢【色彩平衡】设置区:选择要调整的色调后,在色阶右侧的文本框中输入数值可调整RGB 三原色的值,也可直接拖动其下方的 3 个滑块来调整图像的色彩。当 3 个数值均为 0 时,图像色彩无变化。

下面通过实例来轻松制作个性色调照片。

实例 1　暖色调制作方法

(1)打开素材"哈利·波特.jpg"图像文

图 7-17　金黄色的落日

件,如图 7-18 所示。选择【图像】|【调整】|【色彩平衡】菜单,或者按 Ctrl+B 键,打开【色彩平衡】对话框。

图 7-18　打开素材图片

(2)在【色彩平衡】对话框中设置中间调,将第 1 个滑块向右拖动,或直接在色阶后的文本框中输入数值,本例在第 1 个文本框中输入+45 以增加红色,第 2 个文本框保持不变,在第 3 个文本框中输入-92 增加黄色,如图 7-19 所示。

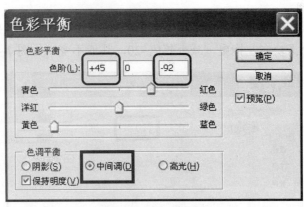

图 7-19 中间调调整

（3）上步调整的是中间色调颜色，本例还需在【色彩平衡】设置区选择【阴影】单选按钮，然后减少红色-8 和蓝色-20，增加绿色+10，如图 7-20 所示，最终效果为暖色调效果，如图 7-21 所示。

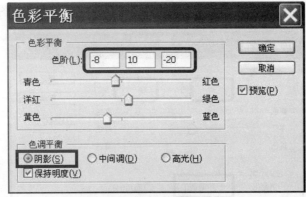

图 7-20 阴影调整

图 7-21 暖色调效果图

实例 2　超酷色调

（1）打开素材"哈利·波特.jpg"图像文件，按 Ctrl+B 键，在【色彩平衡】对话框中设置"高光"，将第 3 个滑块向左拖曳，减少蓝色-20，其他不变，如图 7-22 所示。

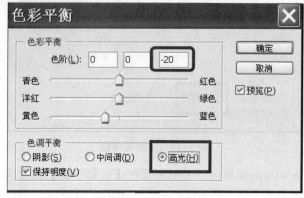

图 7-22　设置"高光"

（2）设置"中间调"，减少红色-30，增加蓝色+30，其他不变，如图 7-23 所示。

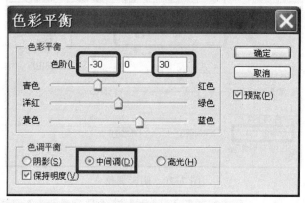

图 7-23　设置"中间调"

（3）设置"阴影"，减少红色-55，增加绿色+10 和蓝色+25，如图 7-24 所示。

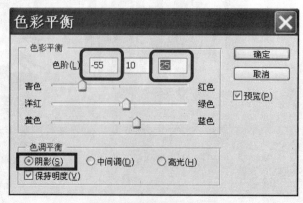

图 7-24　设置"阴影"

最终超酷效果图如图 7-25 所示。

图 7-25　超酷效果图

7.1.4　亮度/对比度

【亮度/对比度】是调整图像范围最简单的方法。与【曲线】和【色阶】命令不同，【亮度/对比度】命令一次调整图像中的所有像素（高光、暗调和中间调）。

利用【亮度/对比度】来处理曝光过度的照片。打开素材图"张家界.jpg"，如图 7-26 所示。

图 7-26　打开素材图片"张家界"

选择【图像】|【调整】|【亮度/对比度】命令，打开【亮度/对比度】对话框，如图 7-27 所示。分别拖动滑块调整亮度和对比度的值，通过向左调整亮度滑块降低亮度，向右调整对比度滑块增加对比度的方法，使曝光过度的照片得到纠正，如图 7-28 所示。

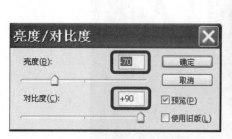

图 7-27　向左调整亮度，向右调整对比度　　　　图 7-28　调整对比度后曝光过度得到纠正

7.1.5　自动色阶与自动对比度

　　利用【自动色阶】命令可以自动将每个通道中最亮和最暗的像素定义为白色和黑色，并按比例重新分配中间像素值来自动调整图像的色调。该命令的用法非常简单，只需选择【图像】|【调整】|【自动色阶】命令，或按 Shift+Ctrl+L 组合键即可。

　　利用【自动对比度】命令可以自动调整图像整体的对比度。要使用该命令，只需选择【图像】|【调整】|【自动对比度】命令，或按 Alt+Shift+ Ctrl+L 组合键即可。

　　实例　修正偏色的照片

　　（1）自动色阶调整照片。

　　打开素材原图"01.jpg"图像文件，按 Shift+Ctrl+L 组合键，利用【自动色阶】命令调整图像色调，其效果图和原图对比如图 7-29 所示。

原图　　　　　　　　　　　　　　　　　　　调整后的效果图

图 7-29　原图和调整后的效果图对比

　　（2）自动对比度调整照片。

　　打开素材"原图 02.jpg"图像文件，按 Ctrl+Shift+Alt+L 键，利用【自动对比度】命令调

整图像对比度，其效果图和原图对比如图 7-30 所示。

原图　　　　　　　　　　　　　　　　调整后的效果图

图 7-30　原图和调整后的效果图对比

7.2　图像的色彩调整

Photoshop CS6 提供了许多调整图像色彩的命令，如【自动颜色】【色相/饱和度】【替换颜色】【可选颜色】【通道混合器】等命令，下面将分别介绍。

7.2.1　色相/饱和度

利用【色相/饱和度】命令可以改变图像的颜色、为黑白照片上色、调整单个颜色成分的【色相】【饱和度】和【明度】。下面通过实例来介绍该命令的用法。

（1）打开素材图片"九寨沟.jpg"，如图 7-31 所示，利用【色相/饱和度】命令调整图片的色彩。

（2）选择【图像】|【调整】|【色相/饱和度】菜单，或者按 Ctrl+U 键，打开【色相/饱和度】对话框，如图 7-32 所示。

 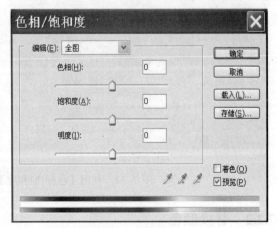

图 7-31　打开素材图片"九寨沟"　　　　图 7-32　【色相/饱和度】对话框

➤ 【编辑】：在其右侧的下拉列表框中可以选择要调整的颜色。其中，选择"全图"可一次性调整所有颜色。如果选择其他单色，则调整参数时，只对所选的颜色起作用。

　　➤【色相】：即我们常说的颜色，在【色相】文本框中输入数值或移动滑块可调整色相。

　　➤【饱和度】：也就是颜色的纯度。饱和度越高，颜色越纯，图像越鲜艳，否则相反。

　　➤【明度】：也就是图像的明暗度。

　　➤【着色】复选框：若选中该复选框，可使灰色或彩色图像变为单一颜色的图像，此时在【编辑】下拉列表中默认为"全图"。

　　（3）【色相/饱和度】对话框中拖动"饱和度"滑块至21，如图7-33（a）所示。

　　（4）在【编辑】下拉列表框中选择"黄色"选项，再分别将"色相"设置为-29，"饱和度"设置为23，如图7-33（b）所示。

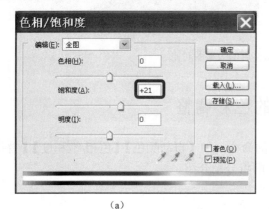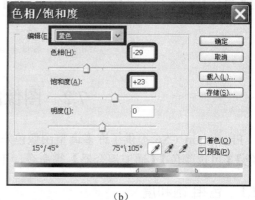

（a）　　　　　　　　　　　　　　　（b）

图7-33　使用【色相/饱和度】命令为图像上色

　　（5）参数设置好后，单击【确定】按钮，可以看到图片的颜色比原来鲜艳多了，如图7-34所示。

（a）调整前　　　　　　　　　　　　　　（b）调整后

图7-34　利用【色相/饱和度】命令调整图像前后对比效果

7.2.2　替换颜色

　　利用【替换颜色】命令可以替换图像中某个特定范围内的颜色。下面，通过一个实例来介绍该命令的用法。

（1）打开"替换.jpg"图像文件，使用套索工具将人物的绿色衣服圈选，以确定要调整的区域，如图 7-35（a）所示。

（2）选择【图像】|【调整】|【替换颜色】菜单，打开【替换颜色】对话框，如图 7-35（b）所示。

吸管工具：这 3 个吸管工具用来采样需要替换的颜色，从左到右分别是"吸管工具""添加到取样"和"从取样中减去"。

【颜色容差】：用于调整与采样点相似的颜色范围，值越大，取样的图像区域越大。

"替换"设置区：用于调整或替换取样出来的颜色的色相、饱和度和明度值，设置的颜色将显示在"结果"颜色块中，也可以单击【颜色块】选择替换颜色。

（3）选择对话框的 吸管工具，在人物的衣服上单击【确定】取样点，在对话框的预览中可以看到与采样点相似的颜色变为白色，表示这些颜色已被选中。

（4）若衣服颜色没有全部选中，则在预览框中的衣服会有未变白的区域，此时可选择 添加到取样按钮，然后在图像窗口中单击未选取的颜色，或拖动滑块将【颜色容差】调整得大一些，例如调整到 114，直到预览框中的衣服全变白，如图 7-35（b）所示。

（5）在【替换颜色】对话框中，将"色相"设为+81，"饱和度"设为+40，其他选项保持默认，如图 7-35（b）所示。单击【确定】按钮，人物衣服由绿色变为蓝色，而且保持纹理不变，如图 7-35（c）所示。

图 7-35　使用【替换颜色】命令改变衣服颜色

7.2.3　可选颜色

利用【可选颜色】命令可选择某种颜色范围进行有针对性的修改，在不影响其他原色的情况下修改图像中某种颜色的数量。

（1）打开素材"可选颜色原图.jpg"图像文件，如图 7-36 所示。下面用【可选颜色】命令使照片中的黄花变红花。

（2）选择【图像】|【调整】|【可选颜色】命令，打开【可选颜色】对话框，在下拉列表中选择"红色"，然后分别拖动"青色""洋红""黄色""黑色"滑块，调整红色的颜色成

分，如图 7-37 所示。

➤ 【颜色】：在其右侧的下拉列表框中可以选择要调整的颜色。

➤ 【青色、洋红、黄色、黑色】：先在"颜色"下拉列表框中选择某种颜色，然后通过拖动滑块或在右侧的编辑框中输入数值来调整所选颜色的成分。

➤ 【方法】：若选中"相对"，表示按照总量的百分比更改现有青色、洋红、黄色、黑色量；若选中"绝对"表示按绝对值调整颜色。

（3）暂不关闭对话框，在【颜色】下拉列表框中选择"黄色"，然后分别拖动下方的各颜色滑块，调整黄色的颜色成分，如图 7-38（a）所示。此时，可以看到照片中的黄花变成红花了，如图 7-38（b）所示。调整满意后，单击【确定】按钮，关闭对话框。

图 7-36　打开素材图片

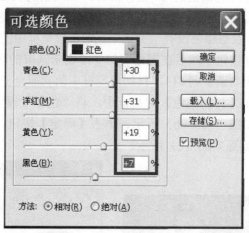

图 7-37　【可选颜色】对话框

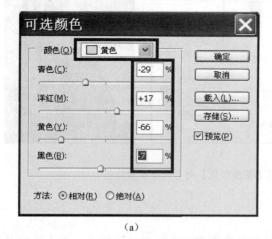

（a）

（b）

图 7-38　调整黄色的颜色成分

7.2.4　通道混合器

利用【通道混合器】命令可以使用当前颜色的混合值来修改颜色通道，从而改变通道的色彩。例如使图像产生戏剧性的色彩变换，创建高品质的灰度图像等。

（1）打开"素材树林.jpg"图像文件，如图 7-39（a）所示。

（2）选择【图像】|【调整】|【通道混合器】菜单，打开【通道混合器】对话框，设置【输出通道】为"红"，然后分别设置【源通道】的值，如图 7-39（b）所示。调整效果满意后，单击【确定】按钮，关闭对话框。此图像呈现出晚霞效果，如图 7-39（c）所示。

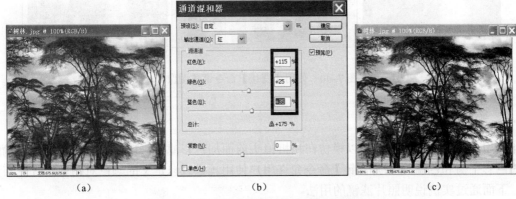

| （a） | （b） | （c） |

图 7-39　利用【通道混合器】调整图像

➢【输出通道】：在其下拉列表框中可以选择要调整的颜色通道。

➢【源通道】：拖动滑块或直接输入数值，可以调整源通道在输出通道中所占的百分比。

➢【常数】：拖动滑块可调整通道的不透明度。其中，负值使通道颜色偏向黑色，正值使通道颜色偏向白色。

➢【单色】复选框：如果选中该复选框，表示对输出通道应用相同的设置，此时将会把图像转换成灰色图像。

7.2.5　变化

【变化】命令用于可视地调整图像或选区的色彩平衡、对比度和饱和度，此命令对于不需要精确色彩调整的平均色调图像最有用。下面通过一个实例来介绍该命令的用法。

（1）打开"素材变化.jpg"图像文件，如图 7-40（a）所示。下面需要为该风景照添加黄色和红色，使其出现日出的效果。

（2）选择【图像】|【调整】|【变化】菜单，打开【变化】菜单，在打开的【变化】对话框中分别单击两次"加深黄色"缩览图、3 次"加深红色"缩览图，如图 7-40（b）所示。设置完成后，单击【确定】按钮关闭对话框，效果如图 7-40（c）所示。

➢ 对话框左上角的两个缩览图为"原稿"和"当前挑选"，用于对比调整前后的图像效果。

➢【阴影】【中间色调】【高光】：可选择其一作为调整的色调区，它们分别调整暗调区域、中间区域和亮度区域。

➢【饱和度】：更改颜色中的饱和度。

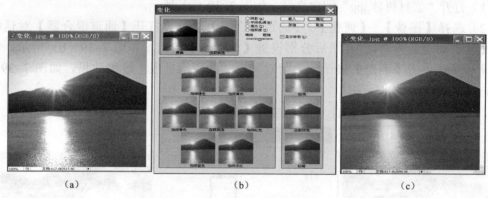

图 7-40　使用【变化】命令调整图像

7.2.6　照片滤镜

利用【照片滤镜】命令可以模仿在相机镜头前面加色彩滤镜，以便调整通过镜头传输的光的色彩平衡和色温。【照片滤镜】命令允许用户使用预设或自定义的颜色对图像进行色相调整。下面通过实例说明照片滤镜的用法。

（1）打开素材"人物.jpg"图像文件，如图 7-41（a）所示。

（2）选择【图像】|【调整】|【照片滤镜】菜单，打开【照片滤镜】对话框，单击【滤镜】下拉列表框，然后选择"紫色"，设置"浓度"为 50%，如图 7-41（b）所示。最后单击【确定】按钮，得到如图 7-41（c）所示效果。

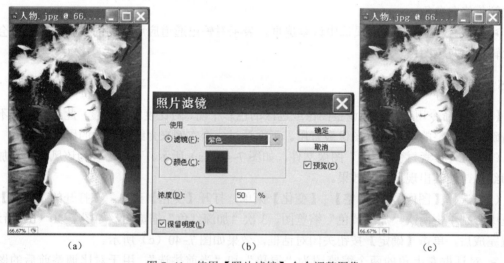

图 7-41　使用【照片滤镜】命令调整图像

➤【滤镜】单选按钮：选中该单选按钮，然后在其右侧的下拉列表框中选择一种系统预设的滤镜（颜色）来对图像进行色相调整。

➤【颜色】单选按钮：选中该单选按钮，然后单击右侧的色块，可在打开的选择滤镜颜色对话框中自定义颜色来对图像的色相进行调整。

➤【浓度】：用于调整应用到图像的颜色数量，值越大，颜色调整幅度就越大。

7.2.7　匹配颜色

利用【匹配颜色】命令可以将当前图像或当前图层中图像的颜色与其他图层中图像或其他图像文件中的图像相匹配，从而改变当前图像的主色调。该命令通常用于图像合成中对两幅颜色差别较大的图像进行匹配。下面通过实例说明。

（1）打开素材"深秋.jpg""春意浓浓.jpg"图像文件，如图 7–42 所示。本例将"深秋.jpg"作为目标图像（修改图像）。将"春意浓浓.jpg"作为源图像（参考图像）。首先将目标图像"深秋.jpg"设置为当前图像。

图 7–42　打开素材图片"深秋"和"春意浓浓"

（2）选择【图像】|【调整】|【匹配颜色】菜单，打开【匹配颜色】对话框，在【源】下拉列表框选择"春意浓浓.jpg"，然后在【图像选项】设置区域设置相关参数，如图 7–43（a）所示。单击【确定】按钮，关闭对话框，此时"春意浓浓.jpg""深秋.jpg"相匹配，可以看到现在的图像已经不是深秋了，而是变成了春意焕发的景色，如图 7–43（b）所示。

（a）　　　　　　　　　　　　　　　　（b）

图 7–43　【匹配颜色】对话框和调整后的图片

➢【图像选项】设置区：用于调整目标图像的亮度、饱和度，以及应用于目标图像的调整量。选中【中和】复选框表示匹配颜色时自动移去目标图层中的色痕。

➢【图像统计】设置区：用于设置匹配颜色的图像来源和所在的图层。在【源】下拉列表框中可以选择用于匹配颜色的源图像文件。如果用于匹配的图像含有多个图层，可在【图层】下拉列表框中指定用于匹配颜色图像所在的图层。

➢ 如果需要的话，还可在源图像和目标图像中建立要匹配的选区。在将一个图像的特定区域（如肤色）与另一图像中的特定区域相匹配时，很有用。

7.2.8　阴影/高光

利用【阴影/高光】命令可校正由强逆光而形成剪影的照片，或校正由于太接近相机闪光点而有些发白的焦点。在用其他方式采光的图像中，这种调整也可用于使暗调区域变亮。

打开素材图"荷花.jpg"，选择【图像】|【调整】|【阴影/高光】菜单，打开【阴影/高光】对话框，如图 7-44 所示，设置阴影与高光数量即可校正图像，原图与调整后的效果图如图 7-45 所示。

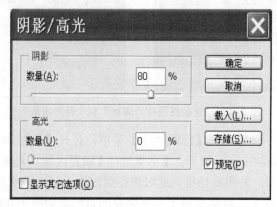

图 7-44　【阴影/高光】对话框

图 7-45　原图与调整后的效果图对比

【阴影/高光】命令不是简单地使图像变亮或变暗，而是基于暗调或高光中的周围像素（局部相邻像素）增亮或变暗，该命令允许分别控制暗调和高光。默认值设置为修复具有逆光问题的图像。

7.2.9　曝光度

利用【曝光度】命令可以调整 HDR 图像（一种接近现实世界视觉效果的高动态范围图像）的色调，但它也可用于"8 位"和"16 位"图像。曝光度是通过线性颜色空间（灰度系数 1.0）而不是图像的当前颜色空间执行计算而得出的。

打开素材图"柳树.jpg"，选择【图像】|【调整】|【曝光度】菜单，打开【曝光度】对话框，设置好相关参数即可调整图像，图 7–46 为利用该命令调整图像前后效果的对比。

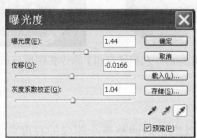

图 7–46　利用【曝光度】命令调整图像

- ➤【曝光度】：用于调整色调范围的高光端，对极限阴影的影响很轻微。
- ➤【位移】：使阴影和中间调变暗或变亮，对高光的影响很轻微。
- ➤【灰度系数校正】：使用简单的乘方函数调整图像灰度系数。
- ➤ 吸管工具：分别在图像中取样以设置黑场按钮 、在图像中取样以设置灰场按钮 、在图像中取样以设置白场按钮 ，然后在图像中最暗、最亮或中间亮度的位置单击鼠标，可使图像整体变暗或变亮。

7.3　特殊图像的颜色调整

Photoshop CS6 的特殊图像颜色调整命令主要包括：【去色】【反相】【色调均化】【阈值】和【色调分离】，虽然这些命令也可更改图像中的颜色和亮度值，但它们通常用于增强颜色与产生特殊效果，而不用于校正图像颜色。

7.3.1　去色

打开图像文件后，选择【图像】|【调整】|【去色】菜单或者按 Ctrl+Shift+U 组合键，可去除图像中选定区域或整幅图像的彩色，从而将其转化为灰度图像。

【去色】命令和将图像转换成灰度模式都能制作黑白图像，但【去色】命令不更改图像的颜色模式。

7.3.2　反相

利用【反相】命令可以将图像的色彩进行【反相】，以原图像的补色显示，常用于制作胶片效果。

打开素材"蝴蝶.jpg"图像文件，选择【图像】|【调整】|【反相】菜单或者按 Ctrl+I

组合键，即可将图像【反相】，其效果如图 7-47 所示。【反相】命令是唯一一个不丢失颜色信息的命令，通过再次执行命令可恢复原图像。

图 7-47   利用【反相】命令将图像反相

7.3.3   色调均化

利用【色调均化】命令可以均匀地调整整个图像的亮度色调。使用此命令的结果是：将图像中最亮的像素转化为白色，将最暗的像素转化为黑色，其余的像素也相应地调整。

打开一幅图像，选择【图像】|【调整】|【色调均化】菜单，此时系统会自动分析图像的像素分布范围，均匀调整图像的亮度。

（1）打开素材"荷花.jpg"图像文件，在图像中创建一个区域，如图 7-48 所示。

图 7-48   打开图像并创建区域

（2）选择【图像】|【调整】|【色调均化】菜单，打开【色调均化】对话框，如图 7-49 所示。

图 7-49   【色调均化】对话框

（3）在对话框中，选择【基于所选区域色调均化整个图像】单选按钮，该命令将按照选区中的像素情况均化分布图像中的所有像素，如图 7–50 所示。

图 7–50　色调均化后的效果

7.3.4　阈值

利用【阈值】命令可以将一幅灰度或彩色图像转换为高对比度的黑白图像。该命令允许用户将某个色阶指定为阈值，比该阈值亮的像素会被转换为白色，比该阈值暗的像素会被转换为黑色。【阈值】命令通常用于制作黑白版画效果。

打开素材图“乌镇.jpg”，如图 7–51（a）所示，选择【图像】|【调整】|【阈值】菜单，打开如图 7–51（b）所示【阈值】对话框，在其中调整“阈值色阶”值，单击【确定】按钮即可得到如图 7–51（c）所示黑白版画效果。

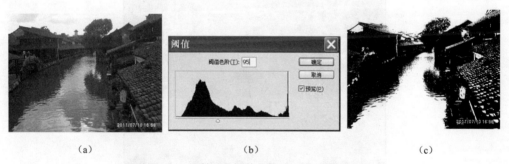

　　　　　　（a）　　　　　　　　　　　　　（b）　　　　　　　　　　　　　　（c）

图 7–51　利用【阈值】命令制作黑白版画

7.3.5　色调分离

利用色调分离命令可以调整图像中的色调亮度，减少并分离图像的色调。打开素材图“台球.jpg”，选择【图像】|【调整】|【色调分离】菜单，打开【色调分离】对话框，如图 7–52 所示。调整色阶，单击【确定】按钮得到效果对比图，如图 7–53 所示。

用于确定图像变化的
剧烈程度，值越小图
像变化越剧烈。反之
图像变化轻微。

图 7–52　【色调分离】对话框

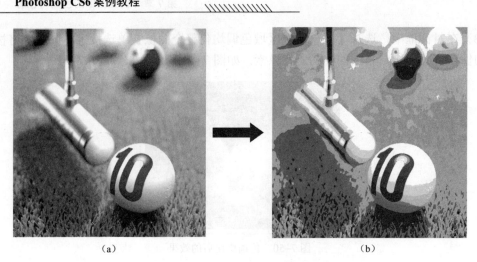

（a）　　　　　　　　　　　（b）

图 7-53　【色调分离】效果对比图

7.4　综 合 案 例

制作球赛海报

本案例通过制作如图 7-54 所示的球赛海报来学习 Photoshop CS6 特殊图像调整。

图 7-54　足球海报效果图

1）制作分析

利用【色调均化】【色调分离】和【阈值】命令制作特殊图像效果，通过设置图层【混合

【模式】与添加图层蒙版制作图像间的融合效果，并添加图层效果与文字完成制作。

2）制作步骤

（1）将背景色设置为绿色（#6dbd73），然后按 Ctrl+N 组合键，打开【新建】对话框，参照图 7-55 所示参数创建一个背景为绿色的图像文件。

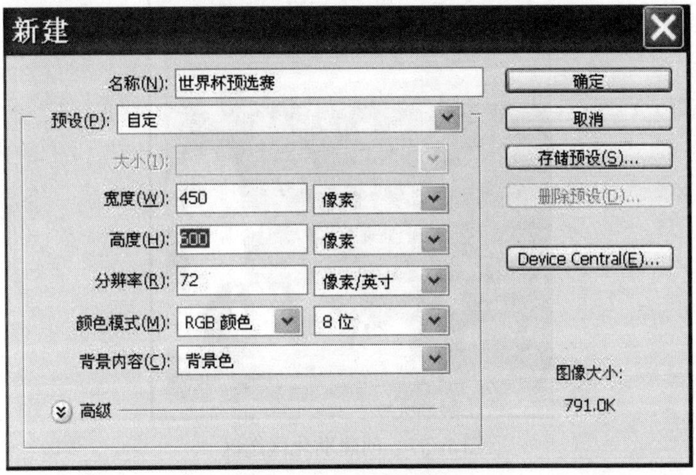

图 7-55 【新建】对话框

（2）打开素材 "25.jpg" 图像文件，如图 7-56（a）所示，利用移动工具 将其拖至新图像窗口中，并放置在图 7-56（b）所示位置。此时，系统自动生成 "图层 1"。

(a)　　　　　　　　　　　　　　　　　　(b)

图 7-56 移动图像

（3）利用套索工具 创建图 7-57 所示选区，并按 Alt+Ctrl+D 键将选区羽化 10 像素，按 Ctrl+J 键，将选区内图像复制为 "图层 2"。

图 7-57 创建羽化区选区

（4）在【图层】调板中选中"图层1"，然后选择【图像】|【调整】|【色调均化】菜单，利用【色调均化】命令调整图像，得到如图 7-58（a）所示效果。

（5）选择【图像】|【调整】|【色调分离】菜单，在打开的【色调分离】对话框中设置"色阶"为4，单击【确定】按钮，得到图 7-58（b）所示效果。

（a）

（b）

图 7-58 利用【色调均化】和【色调分离】命令调整图像

　　（6）在【图层】调板中设置"图层 1"的"混合模式"为"差值"，然后为该图层添加一个图层蒙版，如图 7-59（a）所示，然后编辑图层蒙版，隐藏部分图像，如图 7-59（b）所示。

（a）　　　　　　　　　　　　　　　　　（b）

图 7-59　添加与编辑图层蒙版

　　（7）打开素材"26.jpg"图像文件，利用移动工具 将其拖至新图像窗口的上部，系统自动生成"图层 3"。在"图层"调板中，将"图层 3"移至"图层 2"的上方，选择"图层 3"利用 Ctrl+T 组合键显示"自由图形框"调整图像适合大小，然后利用【色调均化】命令调整"图层 3"中的图像，其效果如图 7-60 所示。

图 7-60　用【色调均化】命令调整图像

（8）利用椭圆选框工具 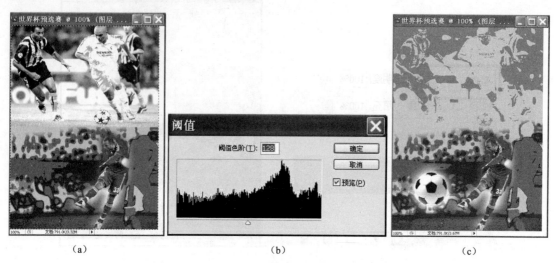 选中"图层3"中的足球，然后将选区反相，如图7-61（a）所示，再利用【阈值】命令调整图像。输入阈值色阶"128"，参数设置如图7-61（b）所示，效果如图7-61（c）所示。

（a）　　　　　　　　　　（b）　　　　　　　　　　（c）

图7-61　创建选区并利用【阈值】命令调整图像

（9）在【图层】调板中将"图层3"的混合模式设置为"颜色加深"，填充设置为"40%"，如图7-62（a）所示，此时图像效果如图7-62（b）所示。

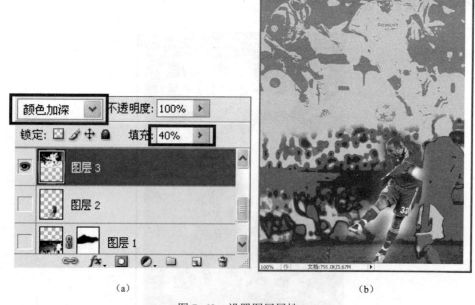

（a）　　　　　　　　　　　　　　（b）

图7-62　设置图层属性

（10）打开素材"27.psd"图像文件，利用移动工具将足球图像移至新图像窗口中，放置在图7-63所示位置。此时，系统自动生成"图层4"。

图 7-63　移动图像

（11）打开素材"28.jpg"图像文件，如图 7-64（a）所示。利用移动工具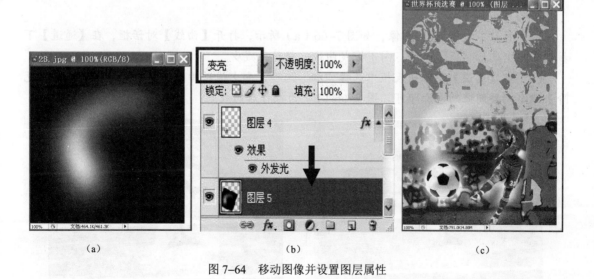将光图像移至新图像窗口中（利用"自由变换"框适当变形图像），然后将光图像所在"图层 5"移至"图层 4"的下方，并设置图层"混合模式"为"变亮"，如图 7-64（b）所示，效果如图 7-64（c）所示。

（a）　　　　　　　　　　　　　（b）　　　　　　　　　　　　（c）

图 7-64　移动图像并设置图层属性

（12）打开素材"29.psd"图像文件，如图 7-64（a），然后利用移动工具将文字图像移至新图像窗口中，并放置在图 7-65（b）所示位置。这样，本例就制作好了。

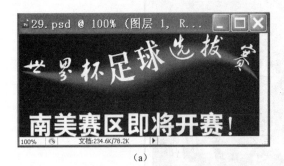

（a）   （b）

图 7-65   放置文字图像

思考与习题

操作题

1. 校正照片颜色

本次练习校正照片颜色，主要练习【曲线】和【色阶】命令使用。

操作思路如下。

（1）打开"海豚.jpg"图像，如图 7-66（a）所示，打开【曲线】对话框，在【通道】下拉列表框中选择"蓝"选项，向下拖曳曲线，将蓝色减少。

（2）在【通道】下拉列表框中选择"红"选项，向上拖动曲线，增加红色，再使用【色阶】命令调整图像的色阶即可。图 7-66（b）为操作后的效果。

（a）   （b）

图 7-66   操作题 1 操作前后的比较图

2. 制作黑白版画

本次练习利用彩色照片制作黑白版画，主要练习【阈值】命令的使用。

操作思路如下。

打开"凤凰古城.jpg"图像，如图 7-67（a）所示，打开【阈值】对话框，调整适当的参数即可获得如图 7-67（b）所示效果。

（a）　　　　　　　　　　　　　　　　　　　　（b）

图 7-67　操作题 2 操作前后的比较图

第 8 章

通道的应用

8.1　通　道　概　述

通道（Channels）实际上是一个单一色彩的平面。通道作为图像的组成部分，是与图像的格式密不可分的，图像颜色、格式的不同决定了通道的数量和模式，在通道面板中可以直观地看到。

8.1.1　通道的原理

我们所看到的五颜六色的彩色印刷品，其实在其印刷的过程中仅仅用了 4 种颜色。在印刷之前先通过计算机或电子分色机将一件艺术品分解成四色，并打印出分色胶片；一般地，一张真彩色图像的分色胶片是四张透明的灰度图，单独看每一张单色胶片时不会发现什么特别之处，但如果将这几张分色胶片分别着以 C（青）、M（品红）、Y（黄）和 K（黑）4 种颜色并按一定的网屏角度叠印到一起时，我们会惊奇地发现，这原来是一张绚丽多姿的彩色图片。

Photoshop CS6 具有给彩色图片分色的功能，以上面所说的印刷模式为例，Photoshop CS6 便将这种类型的图像分成了 CMYK 4 种基本颜色。这 4 种颜色并不是大杂烩般地堆砌在一起，而是一种色彩以一个通道平面来储存，这样，各种颜色互不干扰，叠合起来则形成了一个真彩色图像。现在也许您能明白"一个分色即一个通道"这句话的含义了吧。如果不明白也没有关系，请继续往下看。

上面我们只是以印刷模式（CMYK）来举例说明通道的，事实上 Photoshop CS6 支持多种图像模式。当我们打开一个图像时，Photoshop CS6 会自动根据图像的模式建立起颜色通道，颜色通道的数目是固定的，且视色彩模式而定，比如 RGB 模式图像有 3 个默认颜色通道，CMYK 模式图像则有 4 个默认颜色通道，灰度图和索引图则只有 1 个颜色通道。这也是区别通道与图层的一个好的切入点，因为图层功能只是将一些独立完整的图片叠合到一起，事实上，一个图层就是一个图像，图层的数目可自由地增减；而不同模式的图像的颜色通道数是固定的，它不能随意增减（如果随意删除一个颜色通道，则该图像的模式就会被改变），而且任一个通道也不是一个完整的图像，它只是这个图像中的一个分色（基本色）而已。分别激活一个多图层图像中的每一个图层，然后再查看通道调色板，我们将会发现，每个图层的图像中都有着自己的颜色通道。

8.1.2　通道的分类

通道最主要的功能就是保存图像的颜色信息，在 Photoshop CS6 中系统默认采用特殊灰度通道存储图像的颜色。另外，通道还能够存储图像中的选区信息，这类信息能够存储在 Alpha 通道内且以灰色显示。

一般来说，通道可以分为以下 3 种类型。

1. 颜色通道（Color Channel）

该通道用来保存图像颜色的信息，一幅 RGB 模式的图像其颜色由红（R）、绿（G）、蓝（B）三原色组成。反映在通道中就分别对应红（R）、绿（G）、蓝（B）原色通道，另外还有一个 RGB 复合通道混合了三种原色通道的显示效果。当我们改变任何一个原色通道的颜色信息时，复合通道都会实时反映出来。打开 Photoshop CS6 安装目录下 "样本" 文件夹下的 "山丘.tif" 图像文件，隐藏其中的绿色通道后，可以发现图像文件在色彩上发生了明显的变化，如图 8-1 所示。

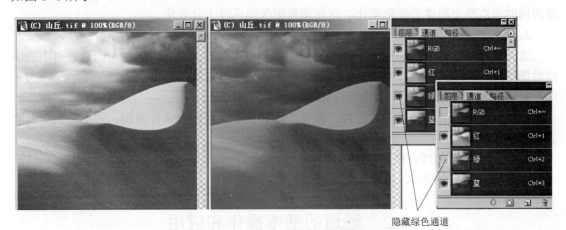

隐藏绿色通道

图 8-1　隐藏绿色通道后的效果

如果将图像模式由 RGB 转换为 CMYK，则会出现包括混合通道在内的 5 个通道。

2. Alpha 通道（Alpha Channel）

Alpha 通道是额外建立的通道，除了保存颜色信息外，还可以用来将图像上的选区作为蒙版保存在 Alpha 通道中。如图 8-2 所示，山丘的部分被选中后形成了一个新的通道 "山丘"。

新建通道 "山丘"

图 8-2　Alpha 通道 "山丘"

3. 专色通道（Spot Channel）

该通道是具有特殊用途的通道。专色是特殊的预混油墨，用于替代或补充印刷色（CMYK）油墨。在印刷时每种专色都要求专用的印版，如果要印刷带有专色的图像，则需要创建存储这些颜色的专色通道。

8.1.3　通道的用途

1. 调整图像的颜色

每一个原色通道并不实际包含颜色信息，而是一种颜色的像素按照不同亮度的集合。所以调整通道时，选择菜单【图像】|【调整】|【亮度/对比度】命令来完成。

在调整通道时，选择要编辑的通道，再单击复合通道的眼睛图标，就可以在编辑单个通道的同时观察整个图像的颜色变化。这在调整图像颜色时十分有用。

2. 存储和编辑选区

这是由 Alpha 通道的特点决定的。通道中的颜色就代表了选区的特性，而且通道中的编辑对图层没有任何的影响，所以只要通道存在，选区就可以随时调用出来。

3. 利用通道进行选取

利用通道可以进行图像选取操作，但要注意这个用途实施的条件限制，它不是一个万能的办法。

4. 通道和滤镜的综合使用创造特殊效果

通道和滤镜组合使用，将可以创造更多的特殊效果。

8.2　通道的基本操作和应用

一般 Photoshop CS6 默认情况下，通道调板是自动显示在窗口中的。如果想隐藏或显示通道调板，执行菜单栏【窗口】|【通道】命令即可。

在通道面板的下侧有 4 个命令按钮，它们分别是：

将通道作为选区载入。白色为选区，黑色为非选区。或者执行菜单栏【选择】|【保存选区】命令也可以实现。

将选区存储为通道。或者执行菜单栏【选择】|【存储选区】命令也可以实现。其作用是将当前图像中的选取范围转化成一个蒙版保存到一个新的 Alpha 通道中去。

创建新通道。即快速建立一个新的通道。

删除当前通道。可以删除当前选中的通道，或者用鼠标直接将需要删除的通道拖到此按钮上。

8.2.1　新建通道

新建的通道只能是 Alpha 通道或专色通道，我们可以使用绘画或者编辑工具对其添加蒙版。单击通道调板右上角的弹出式菜单，选择【新建通道】命令，即可打开【新建通道】对话框，如图 8-3 所示。按照需要修改各选项后单击【确定】按钮即可新建一个通道。

➢【名称】：用来为新建的通道命名，默认为 Alpha 1。

单击这里弹出菜单

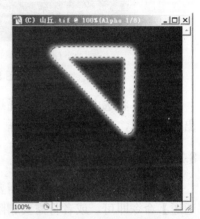

图 8-3 【新建通道】对话框

➢【色彩指示】：用来设定通道显示颜色的方式。"被蒙版区域"是指创建的 Alpha 通道是黑色的蒙版，用白色涂画后，白色的区域为选区。"所选区域"与其相反，是指创建的 Alpha 通道是白色蒙版，用黑色涂画后，黑色的区域为选区。

➢【颜色】：用来设定蒙版的颜色和透明度。

提示：蒙版颜色的设定是用来方便我们辨认蒙版上选取范围和非选取范围之间的区别的，对图像的颜色没有影响。

如果直接单击 按钮，则不会出现【新建通道】对话框，而是按照系统默认的色彩指示方式直接创建一个 Alpha 1 通道。这里以色彩指示为"被蒙版区域"为例创建一个 Alpha 1 通道，将前景色设置为白色，然后使用 50 px 的画笔工具绘制一个三角形。单击 ⭕ 按钮，则刚刚绘制的三角形即被选区包围（虚线显示），如图 8-4 所示。

图 8-4 将通道作为选区载入

8.2.2 复制通道

复制通道可以将原色通道或 Alpha 通道复制成副本，但是不能复制混合通道。继续使用之前的"山丘.tif"，选中红色通道，右击会弹出一个小菜单，如图 8-5（a）所示。单击【复制通道】命令，则会弹出【复制通道】对话框，如图 8-5（b）所示。按照需要修改各选项后单击【确定】按钮即复制出红色通道的副本。

（a）右键菜单

（b）对话框

图 8-5 【复制通道】对话框

> ➤【为】：用来设定复制后的通道的名称。系统默认的为"原通道名+副本"，如"红通道"。
> ➤【文档】：用来选择复制后的通道副本所要存储的目标图像文件，一般默认为当前打开的图像文件。若选择"新建"，则"名称"文本框会显示可用，输入新文件的名称即可。
> ➤【反相】：复制后的通道副本的颜色会以相反的色相显示。

复制红色通道后，将所有通道前的可视性图标都点亮，则原图像因为增加了红色通道，所以整体显得更红了，如图 8-6 所示。

（a）原图　　　　　　　　　　　　　　　（b）复制红色通道后

图 8-6　复制红色通道前后的对比图

另外，将选中需要复制的通道，拖曳到通道面板下侧的 🔲 按钮上就可以为该通道复制出一个副本，而且不弹出对话框。

8.2.3　删除通道

删除用不到的通道时，只需要选中该通道并单击右键，在弹出的快捷菜单中选择【删除通道】命令即可。或者将需要删除的通道拖动到通道调板下侧的 🗑 按钮上，即可将该通道删除。继续之前"山丘"的例子，进入该图像的通道调板，右键单击红色通道，在弹出的快捷菜单中选择【删除通道】命令，则该图像的红色通道被删除。同时，原来的绿色通道自动变为洋红通道，蓝色通道自动变为黄色通道，如图 8-7 所示。因为红色通道被删除，原来的 RGB 混合通道即消失。图像的颜色变为由洋红与黄色通道混合后产生的效果，如图 8-7 所示。

 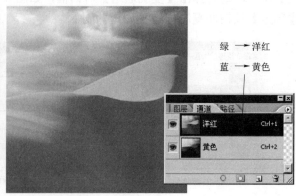

（a）原图　　　　　　　　　　　（b）删除红色通道后

图 8-7　删除红色通道后的效果

通道的删除同样适用于 Alpha 通道，因为 Alpha 通道主要存储选区信息，且只在编辑选区信息时才显示该通道，故其不参与图像总的颜色混合，即便删除 Alpha 通道，也不会引起图像颜色的变化。

8.2.4　分离通道

分离通道可以把 1 幅图像的每个通道分别拆分为独立的图像文件，即把 RGB 模式的图像分离成 R、G、B 3 幅单色图像。我们可以对分离出来的图像文件单独进行编辑和保存，也可以在单独编辑后再将它们合并在一起。在印刷行业中，常常将 CMYK 图像分离成 4 个单色胶片。

打开"鲜花 01.tif"图像文件（见图 8-8）。单击通道调板弹出式菜单中的【分离通道】命令（见图 8-9），原图分离成"鲜花 01_R.tif"（红色）、"鲜花 01_G.tif"（绿色）和"鲜花 01_B.tif"（蓝色）3 个单色文件，如图 8-10 所示。

图 8-8　"鲜花 01.tif"原图　　　　　　　　　图 8-9　分离通道

分离出的 3 个单独的图像文件都以独立的窗口显示，它们都是灰度文件，如图 8-10 所示。

（a）鲜花01_R.tif　　　　　　（b）鲜花01_G.tif　　　　　　（c）鲜花01_B.tif

图 8-10　分离后的三个单独图像文件

8.2.5　合并通道

合并通道是分离通道的反向操作，它可以将多个灰度图像文件合并成一个彩色图像文件。

　　以分离通道中的鲜花图片为例，任意选择一个灰度图像文件，单击通道面板弹出式菜单中的【合并通道】命令，则会弹出【合并通道】对话框，如图 8-11 所示。选择"RGB 颜色"模式，"通道"数为 3，单击【确定】按钮，会弹出【合并 RGB 通道】对话框，如图 8-12 所示。采用默认值不变，单击【确定】按钮，则 3 个单独的图像文件合并成彩色的 RGB 图像文件。

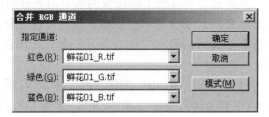

图 8-11 【合并通道】对话框　　　　　　　　图 8-12 【合并 RGB 通道】对话框

　　有些情况下，为了让合并出的图像能够产生比较奇特的色彩效果，在进行合并时可以调乱通道位置，以达到理想的效果。还是以鲜花图像为例，分离成三个单独的图像文件后，按照前面的步骤进行合并。在弹出【合并 RGB 通道】对话框后，更改图像文件的顺序，将"红色"通道对应"鲜花 01_B.tif"，"绿色"通道对应"鲜花 01_R.tif"，"蓝色"通道对应"鲜花 01_G.tif"，如图 8-13 所示。单击【确定】按钮后，即生成一幅有新色彩的图像文件，如图 8-14 所示。

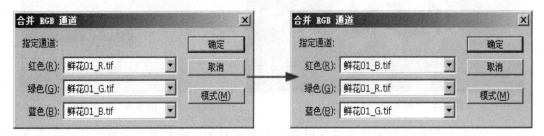

图 8-13 调乱对应顺序

（a）默认顺序合并的图片　　　　　　　　　（b）调乱顺序后合并的图片

图 8-14 调乱顺序后合并的效果

8.2.6　专色通道的建立与合并

专色通道是用于印刷行业的特殊通道，专色则是指除了 CMYK 四色外特殊的混合油墨，是用来替代和补充 CMYK 印刷色的油墨。每一个专色通道都有属于自己的印版，在打印含有专色通道的图像时，专色通道将作为一个单独页被打印出来。

打开一个 CMYK 色彩模式图像文件，在其通道面板中可以看到包括 CMYK 混合通道在内的 5 个颜色通道。单击通道调板的弹出式菜单，选择【新建专色通道】命令后，即可弹出【新建专色通道】对话框，如图 8-15 所示。【名称】文本框用来输入所创建专色通道的名称，单击【油墨特性】下的"颜色"色块可以打开拾色器，用来设置专色通道的颜色。在这个拾色器中有一个"颜色库"按钮，单击后可以打开【颜色库】对话框。这里有一些提前预置好的专业用颜色库可供选择。"密度"是用来设置专色通道颜色密度的，该值可以在 0～100 之间进行选择。该参数只是用来在图像上模拟显示打印专色的密度，对于实际的打印效果没有影响。

图 8-15　【新建专色通道】对话框

专色通道的合并与普通通道合并的方法相同。通过专色通道的合并，可以将专色通道中的色彩信息混合到其他原色通道中，使原来的图像色彩发生变化。

8.3　综 合 案 例

1. 利用通道编辑选区

1）目标

利用通道编辑选区。

2）设计思想

通过对通道的设置，制作不同的选区。

3）步骤

在 Photoshop CS6 中，创建选区是基本工作，在第 3 章中我们详细介绍了 Photoshop CS6 创建选区的工具。但是在实际工作中，经常要面对复杂图像，而使用简单的选区工具很难得到精确的图像选区。如图 8-16 所示，要提取图像中的人物，无论使用哪种工具都不可能将人物的头发选中。下面介绍利用 Photoshop CS6 的通道功能选取图像的操作方法和技巧。

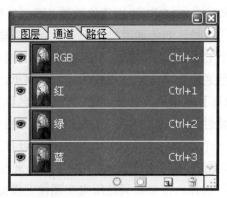

图 8-16   提取图像中的人物

（1）在 Photoshop CS6 中打开图像，打开【通道】控制面板。可以发现在【通道】控制面板中有四个通道，分别是 RGB 复合通道、R 单色通道、G 单色通道、B 单色通道。单击【单色通道】，图像效果如图 8-17 所示。

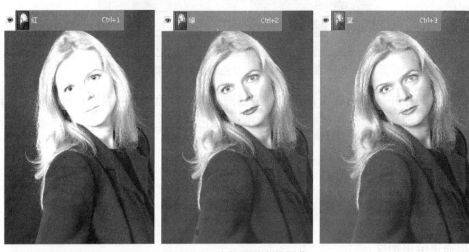

图 8-17   单色通道中的图像

（2）从图 8-17 中可以看出，R 通道中的图像亮度较高，人物与背景图案的对比度较大。复制 R 通道，命名为"选区"。

（3）按 Ctrl+M 键，打开【曲线】调整对话框，调整"选区"通道中的图像，如图 8-18 所示。

（4）按 Ctrl＋I 键，使选区中的图像反向显示。在工具箱中选择橡皮擦工具，确保背景色为黑色，擦除人物脸部的白色区域。然后在工具箱中选择多边形套索工具，将人物的衣服所显示的灰色区域选中，并填充背景色——黑色，如图 8-19 所示。

（5）按 Ctrl+D 键，取消图像中的选区。按 Ctrl+M 键，再次打开【曲线】调整对话框，调整非人物选区图像，如图 8-20 所示。

图 8-18 调整选区通道的图像

图 8-19 修整人物区域

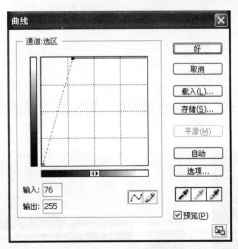

图 8-20 调整非人物选区图像

（6）单击【RGB 复合通道】，然后回到【图层】控制面板。执行【选择】｜【载入选区】命令，打开【载入选区】对话框，在【通道】下拉列表框中选择"选区"，单击【好】按钮，即可在图像中载入"选区"通道中的选区，如图 8-21 所示。

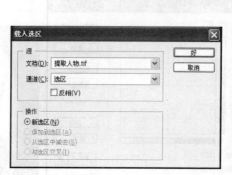

图 8-21　载入在通道中编辑的选区

（7）按 Ctrl+Shift+I 键，反选图像，按 Ctrl+Shift+J 键即可将选取的人物剪切并粘贴到一个新图层中。将背景色填充黑色，可以看出人物已完全提取出来，甚至包括飘扬的头发细丝，如图 8-22 所示。

图 8-22　提取人物图像

2. 飞驰的汽车案例

1）目标

通过通道进行抠图。

2）设计思想

通过通道设置，让汽车呈现飞驰的效果。图 8-23 是原图，图 8-24 是添加了动感后的效果图。

图 8-23　原图　　　　　　　　　　　　图 8-24　效果图

3）具体步骤

（1）先用磁性套索工具把汽车选出来，形成一个选区，如图 8-25 所示。

图 8-25　创建选区

（2）打开【通道】面板，存储选区，命名为"汽车"，如图 8-26 所示。

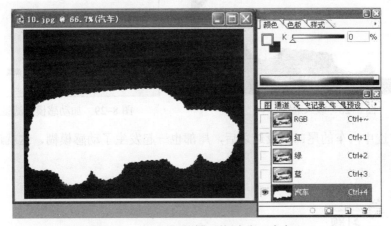

图 8-26　打开【通道】面板命名"汽车"

（3）不要取消选区，继续为选区填充黑白线性"渐变"，效果如图 8-27 所示。

图 8-27　填充"渐变"的效果

（4）单击【通道】面板下方左边第一个按钮："将通道作为选区载入"，原先的选区消失，产生了一个新的选区，如图 8-28 所示。

（5）回到图层面板，单击【背景层】，反向选择选区，现在选中的不是汽车，而是四周的景色。

（6）选择【滤镜】|【模糊】|【动感模糊】，选角度 9 度，与地平线基本一致。距离的设置要看效果，根据图片的像素大小来定。如果一张图片的像素很大，显然 33 像素是不够用的，效果如图 8-29 所示。

图 8-28　载入选区

图 8-29　加动感模糊滤镜的效果

由于没有选中汽车的尾部，反选之后，尾部也一起发生了动感模糊，这就达到了我们的目的。

思考与习题

一、单项单选题

1. 可以使通道在显示和隐藏之间变换的图标是（　　　）。

　A. 👁　　　　　B. ⚫　　　　　C. 🔲　　　　　D. 🗑

2. CMYK 图像在彩色输出进行分色打印时，C 通道转换成（　　　）色的胶片。

　A. 青色　　　　B. 黄色　　　　C. 洋红色　　　　D. 黑色

3. 专色是（　　　）输出彩色画面时采用的方法。

　A. 扫描仪　　　B. 打印机　　　C. 显示器　　　D. 数码相机

4. 下面是对通道功能的描述，其中错误的是（　　　）。

　A. 通道最主要的功能是保存图像的颜色数据

　B. 通道除了能够保存颜色数据外，还可以保存蒙版

　C. 在【通道】控制面板中可以建立 Alpha 通道和专色通道

　D. 要将选区永久地保存在【通道】控制面板中，可以使用快速蒙版功能

5. 要将通道中的图像内容转换为选区，可以（　　　）。

　　A. 按下 Ctrl 键后单击通道缩览图　　　B. 按下 Shift 键后单击通道缩览图

　　C. 按下 Alt 键后单击通道缩览图　　　　D. 以上都不正确

二、简答题

1. 在编辑图像时，怎样将选区内的图像隐藏，而将选区外的图像显示出来？

2. 在工具箱中选择橡皮擦工具，默认前景/背景色。当使用该工具在蒙版图层中擦除时，可以扩大还是缩小图像的显示效果，为什么？

3. 仔细思考选区、蒙版和通道之间的关系和区别，简述在编辑图像时各自有哪些优点与缺点。

三、操作题

启动 Photoshop CS6，导入要处理的图片，选择【钢笔】工具，属性设置，然后将图片中人物的主体轮廓勾出，选择【通道】面板复制一个副本出来。单击【添加图层蒙版】按钮，为"图层 0"添加图层蒙版。这个人物就从这张图片里分离出来了。任意换一个背景图片，制作成如图 8-30 所示效果。

图 8-30　效果图

第 9 章

滤镜的应用

9.1　滤 镜 概 述

所谓滤镜是指以特定的方式修改图像文件的像素特性的工具。就像摄影时使用的过滤镜头，能使图像产生特殊的效果。Photoshop CS6 中的滤镜种类丰富，功能强大。在处理图像时使用滤镜效果，可以为图像加入各类纹理、变形、艺术风格和光线等特效。

9.1.1　滤镜使用规则及步骤

（1）图像上有选区，Photoshop CS6 针对选区进行滤镜处理；没有选区，则对当前图层或通道起作用。局部图像应用滤镜时，可羽化选区，使处理的区域能自然地与相邻部分融合，减少突兀的感觉。

（2）滤镜的处理效果是以像素为单位的，应用滤镜的对话框中，没有注明度量单位的，均是"像素"。

（3）滤镜的处理效果与图像分辨率有关。因而，用相同参数处理不同分辨率的图像，其效果会有不同。

（4）在位图和索引模式图像中不能应用滤镜。此外，在 CMYK 和 Lab 模式下，部分滤镜组不能使用。例如，"画笔描边""素描""纹理"和"艺术效果"等。

（5）在使用滤镜时要仔细选择，避免因为变化幅度过大而失去滤镜的风格。使用滤镜还应根据艺术创作的需要，有选择地进行。

9.1.2　滤镜使用规则与技巧

1. 滤镜使用规则

Photoshop CS6 中所有内置滤镜都有以下几个相同的特点，使用滤镜必须遵守这些操作规则，才能够准确有效地使用滤镜功能。

➤ 滤镜只能应用于当前可视图层，能够反复、连续地应用。但是每次只能作用在一个图层上。

➤ Photoshop CS6 针对选取范围进行滤镜效果处理，锁定透明就等于圈选。如果没有定义选取范围，则对整个图像进行处理。如果当前选中的是某一层或某一通道，则只对当前层或当前通道起作用。

➤ 有些滤镜很复杂或者要应用滤镜的图像尺寸很大，执行时就需要很长一段时间，如果要结束正在生成的滤镜效果，可以按 Esc 键。

➤ 所有的滤镜都能作用于 RGB 颜色模式的图像，而不能作用于索引颜色模式的图像。有一部分滤镜不支持 CMYK 颜色模式，在这种情况下，可以将某一图层复制到一个新文件上转成 RGB 颜色模式，再添加滤镜效果。

2. 滤镜使用技巧

执行【滤镜】命令常常需要花费很长时间，因此在【滤镜】对话框中提供了预览图像的功能，从而大大提高了工作效率。在 Photoshop CS6 中，绝大多数【滤镜】对话框都有预览功能。当预览图像时，可以按照下述方法进行操作：

➢ 在【滤镜】对话框中，单击预览图像下方的"＋"号或"－"号按钮，可以放大/缩小预览图像的显示比例。如果按下 Ctrl 键单击预览框可以放大显示比例，按下 Alt 键单击预览框则可以缩小显示比例，如图 9-1 所示。

➢ 在【滤镜】对话框中，将光标指向预览框，当光标变成小手状时，按下鼠标进行拖动，即可移动预览框中的图像，如图 9-1 所示。

图 9-1　在【滤镜】对话框中预览图像

➢ 将光标移到图像窗口中，此时光标呈方框显示，单击后在预览框内立刻放大显示该区域图像。

9.2　制作特效字

9.2.1　球形字

新建一个文件，使用文字工具 **T**，输入"新"，宋体、字体大小 150 点，在图层调板中新建一个图层，用椭圆选框工具，按住 Shift 键的同时，画正圆形，选择渐变填充工具，属性选择"径向渐变"，填充红色球形，如图 9-2 所示。

图 9-2　添充红色球形

　　不要取消选区，选中"新"图层，选择【图层】|【栅格化】|【文字】命令，或在选中的文字图层，单击右键，从快捷菜单上选择【栅格化文字】，把文字栅格化，再选择【滤镜】|【扭曲】|【球面化】命令，打开球面化对话框，如图9-3所示。

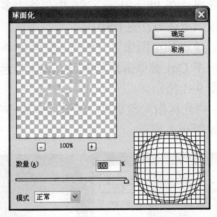

图9-3　球面化对话框

　　单击【确定】后出现球形字效果，如图9-4所示。

　　选择移动工具，按住Alt键复制红色球形，使用文字工具，输入"年"，依照同样的方法制作"快"和"乐"，并且按照上述步骤制作球形效果，最后结果如图9-5所示。

图9-4　球形字1

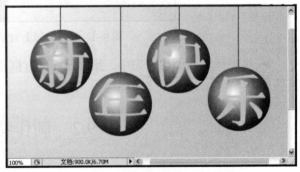

图9-5　球形字2

　　最后给"新""年""快"和"乐"添加斜面和浮雕效果，样式选择"枕状浮雕"，大小5个像素，如图9-6所示。

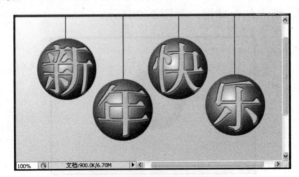

图9-6　"枕状浮雕"球形字

9.2.2　火焰字

新建一个文件，黑色背景，使用文字工具 T ，输入"火焰"，白色、黑体、字体大小 200 点，字符间距 100，如图 9–7 所示。

选择【图像】|【旋转画布】|【顺时针旋转 90°】命令，选择【滤镜】|【风格化】|【风】命令，在【风】对话框中选择方向"从左"，再按 3 次 Ctrl+F 键，如图 9–8 所示。

图 9–7　新建一个文件

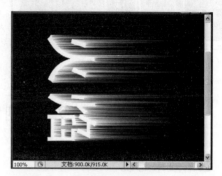

图 9–8　火焰字1

再次选择菜单【图像】|【旋转画布】|【逆时针旋转 90 度】，选择菜单【滤镜】|【扭曲】|【波纹】，数量为 75%，效果如图 9–9 所示。

选择菜单【图像】|【模式】|【索引颜色】，出现提示框"要拼合图层吗？"，选择【确定】。选择菜单【图像】|【模式】|【颜色表】，打开【颜色表】对话框，选择"黑体"，如图 9–10 所示。

图 9–9　火焰字 2

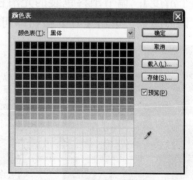

图 9–10　打开【颜色表】对话框

单击【确定】之后出现火焰效果，如图 9–11 所示。

再次使用文字工具 T ，输入"火焰"，红色、黑体、字体大小 200 点，字符间距 100，如图 9–12 所示。

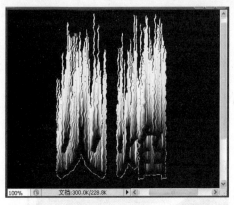
图 9-11　火焰字 3

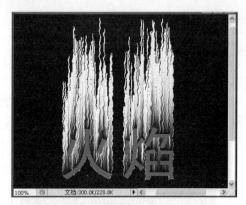
图 9-12　火焰字4

9.3　制作绘画效果

9.3.1　艺术效果滤镜

1. 塑料包装

该滤镜可以在图像上表现出富有立体感的塑料包装效果。

（1）打开"鲜花"原图，如图 9-13 所示。单击菜单栏的【滤镜】命令，选择下拉菜单中【艺术效果】的子命令【塑料包装】。打开【塑料包装】对话框，根据需要进行调节，如图 9-14 所示。

①【高光强度】：调节塑料包装中高光区域的亮度，值越大，亮度越高。

②【细节】：调节塑料包装中细节部分的精细程度，值越大，则效果越明显。

③【平滑度】：调节塑料包装的光滑程度，值越大，则越光滑。

（2）调节结束，单击【好】按钮即可，其效果如图 9-15 所示。

图 9-13　"鲜花"原图

图 9-14　【塑料包装】对话框

图 9-15　塑料包装效果

2. 壁画

该滤镜主要表现出古壁画粗犷的绘画效果。

（1）单击菜单栏的【滤镜】命令，选择下拉菜单中【艺术效果】的子命令【壁画】。打开【壁画】对话框，根据需要进行调节，如图 9-16 所示。

①【画笔大小】：调节画笔的大小。

②【画笔细节】：调节画笔的绘制效果的细腻程度。

③【纹理】：调节纹理过渡的变形值，该值的最大取值为 3。

（2）调节结束，单击【好】按钮即可，其效果如图 9–17 所示。

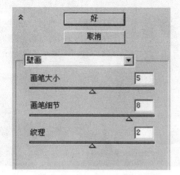　　

　　图 9–16　【壁画】对话框　　　　　　　　图 9–17　壁画效果

3. 彩色铅笔

该滤镜用来模拟彩色铅笔在纸上绘图的效果。

（1）单击菜单栏的【滤镜】命令，选择下拉菜单中【艺术效果】的子命令【彩色铅笔】。打开【彩色铅笔】对话框，根据需要进行调节，如图 9–18 所示。

①【铅笔宽度】：该值越大，背景色显露越多，效果越显粗糙。

②【描边压力】：用于控制图像颜色的明暗度，该值越大，图像的亮度变化越小。

③【纸张亮度】：该值越小，图纸越黑。该值越大，图纸颜色越接近背景色。

（2）调节结束，单击【好】按钮即可，其效果如图 9–19 所示。

　　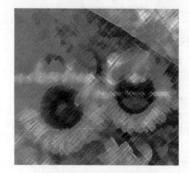

　　图 9–18　【彩色铅笔】对话框　　　　　　图 9–19　彩色铅笔效果

4. 木刻

该滤镜可以使图像产生木刻画的效果。

（1）单击菜单栏的【滤镜】命令，选择下拉菜单中【艺术效果】的子命令【木刻】。打开【木刻】对话框，根据需要进行调节，如图 9–20 所示。

①【色阶数】：其决定了图像中色彩的丰富程度，值越大则色彩层次越丰富。

②【边缘简化度】：用来设置边缘简化程度，该值越大，边缘简化越厉害，甚至使图像变成一个实体的颜色块，反之则使图像越接近原图。

③【边缘逼真度】：用来设置边缘痕迹的精确度。

（2）调节结束，单击【好】按钮即可，其效果如图 9-21 所示。

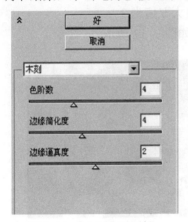

图 9-20　【木刻】对话框　　　　　　　　　　　图 9-21　木刻效果

5. 水彩

该滤镜可简化细节，使图像产生水彩画效果。

（1）单击菜单栏的【滤镜】命令，选择下拉菜单中【艺术效果】的子命令【水彩】。打开
【水彩】对话框，根据需要进行调节，如图 9-22 所示。

①【画笔细节】：设置画笔笔触的细腻程度。

②【暗调强度】：设置暗色调区域的强度。

③【纹理】：调节纹理过渡的变形值，该值最大为 3。

（2）调节结束，单击【好】按钮即可，其效果如图 9-23 所示。

图 9-22　【水彩】对话框　　　　　　　　　　　图 9-23　水彩效果

6. 霓虹灯光

该滤镜产生被氖光灯照射后的效果，类似于霓虹灯。

（1）单击菜单栏的【滤镜】命令，选择下拉菜单中【艺术效果】的子命令【霓虹灯光】。
打开如图 9-24 所示的【霓虹灯光】对话框，根据需要进行调节。

①【发光大小】：用来设置灯光照射的范围。

②【发光亮度】：用来设置灯光的亮度。值越大，则效果越明显。

③【发光颜色】：用来设置灯光颜色。

（2）调节结束，单击【好】按钮即可，其效果如图 9-25 所示。

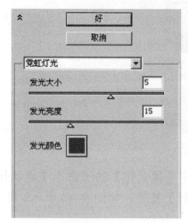

图 9-24 【霓虹灯光】对话框

图 9-25 霓虹灯光效果

9.3.2 模糊滤镜

1. 动感模糊

该滤镜是模仿对高速运动的物体进行拍照，通过对某一方向上的像素进行线性位移来产生运动模糊效果。

（1）打开"蝴蝶"原图，如图 9-26 所示。单击菜单栏的【滤镜】命令，选择下拉菜单中【模糊】的子命令【动感模糊】。打开【动感模糊】对话框，根据需要进行调节，如图 9-27 所示。

①【角度】：用于控制动感模糊的方向，可以通过改变文本框中的数字或直接拖动指针来调整。

②【距离】：用来控制动感模糊的强度，值越大，则越模糊。

（2）调节结束，单击【好】按钮即可，其效果如图 9-28 所示。

图 9-26 蝴蝶

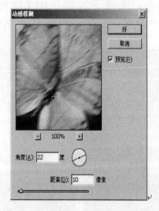

图 9-27 【动感模糊】对话框

图 9-28 动感模糊效果

（3）利用动感模糊制作下雪效果。

① 打开背景图片"日暮.jpg"，在【图层】面板中复制"背景"层，将复制出的"背景副

本"层置于最上层，其背景色为白色，如图 9-29 所示。

图 9-29　复制背景层

② 单击菜单栏的【滤镜】命令，选择下拉菜单中【像素化】的子命令【点状化】。在【点状化】对话框中将单元格大小设为"5"并单击【好】按钮，如图 9-30 所示。则图像变为图 9-31 所示的点状化效果。

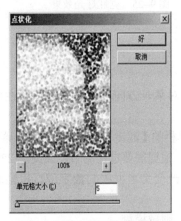

图 9-30　【点状化】对话框

图 9-31　点状化效果

③ 单击菜单栏的【滤镜】命令，选择下拉菜单中【模糊】的子命令【动感模糊】。将【动感模糊】对话框中角度的值改为"60"，距离的值改为"20"，效果如图 9-32 所示。

图 9-32　动感模糊效果

图 9-33　下雪效果

④ 使用 Shift+Ctrl+U（去色）快捷键，将"背景副本"层去色。在【图层】面板中将图层的混合模式改为"滤色"，并将其不透明度改为"70%"。则下雪效果完成，如图 9-33 所示。

2. 高斯模糊

概率滤镜利用高斯曲线调节像素的色值，使图像产生较浓厚的模糊效果。

（1）单击菜单栏的【滤镜】命令，选择下拉菜单中【模糊】的子命令【高斯模糊】。打开【高斯模糊】对话框，根据需要进行调节，如图 9-34 所示。

（2）结束，单击【好】按钮即可，效果如图 9-35 所示。

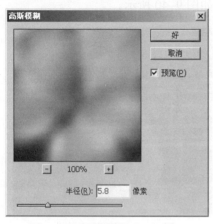

图 9-34　【高斯模糊】对话框

图 9-35　高斯模糊效果

9.3.3　画笔描边滤镜

1. 喷溅

该滤镜可以使画面产生用彩色颜料喷溅后形成的效果。

（1）打开"小猫"原图，如图 9-36 所示。单击菜单栏的【滤镜】命令，选择下拉菜单中【画笔描边】的子命令【喷溅】。打开【喷溅】对话框，根据需要进行调节，如图 9-37 所示。

①【喷色半径】：用来控制喷溅的范围。

②【平滑度】：用来调整喷溅效果的轻重或光滑度。

（2）调节结束，单击【好】按钮即可，效果如图 9-38 所示。

图 9-36　小猫

图 9-37　【喷溅】对话框

图 9-38　喷溅效果

2. 墨水轮廓

该滤镜能在图像的边界部分模拟油墨勾画轮廓，产生钢笔油墨风格效果。

（1）单击菜单栏的【滤镜】命令，选择下拉菜单中【画笔描边】的子命令【墨水轮廓】。打开【墨水轮廓】对话框，根据需要进行调节，如图9-39所示。

①【描边长度】：用于设置线条的长度。

②【深色强度】：用于控制阴暗区域的强度，该值越大，图像越暗，线条越清晰。

③【光照强度】：用于控制高光区域的强度，该值越大，图像越清晰，线条越模糊。

（2）调节结束，单击【好】按钮即可，效果如图9-40所示。

图9-39 【墨水轮廓】对话框

图9-40 墨水轮廓效果

9.3.4 素描滤镜

便条纸

该滤镜创建像是用手工制作的纸张构建的图像，产生在便条纸上绘画草图的效果。

（1）打开"建筑"原图，如图9-41所示。单击菜单栏的【滤镜】命令，选择下拉菜单中【素描】的子命令【便条纸】。打开【便条纸】对话框，根据需要进行调节，如图9-42所示。

①【图像平衡】：用来调整前景色在效果中的平衡。

②【粒度】：用来调整图案的颗粒大小。

③【凸现】：用来调整凹凸效果的深度。

（2）调节结束，单击【好】按钮即可，效果如图9-43所示。

图9-41 建筑

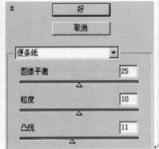

图9-42 【便条纸】对话框

图9-43 便条纸效果

9.3.5　风格化滤镜

【风格化】滤镜通过置换像素和查找并增加图像的对比度，在选区中生成绘画效果或印象派艺术作品的效果。

1. 凸出

该滤镜可以将图像分成大小相同并排堆砌的立方体，形成 3D 效果。

（1）打开原图"棕榈树"，如图 9-44 所示。单击菜单栏的【滤镜】命令，选择下拉菜单中【风格化】的子命令【凸出】。打开【凸出】对话框，根据需要进行调节，如图 9-45 所示。

①【类型】：用来调整立方体的形状，包括"块"和"金字塔"两种类型。

②【大小】：用来调整立方体的大小。

③【深度】：用来调整凸出的深度和表示立方体的排列方式。

④【立方体正面】：选中该复选框，则只对立方体的表面填充物体的平均色，而不是对整个图像进行填充。

⑤【蒙版不完整块】：选中该复选框，将使所有的凸起都包括在处理部分之内。

（2）调节结束，单击【好】按钮即可，凸出效果如图 9-46 所示。

图 9-44　棕榈树　　　　　　　　图 9-45　【凸出】对话框　　　　　　图 9-46　凸出效果

2. 拼贴

该滤镜将图像分解为一系列拼贴，使选区偏移原来的位置，类似于拼贴不规则的马赛克效果。

（1）单击菜单栏的【滤镜】命令，选择下拉菜单中【风格化】的子命令【拼贴】。打开【拼贴】对话框，根据需要进行调节，如图 9-47 所示。

①【拼贴数】：用来调整在图像中各行各列显示的拼贴块数。

②【最大位移】：用来调整允许拼贴块偏移原始位置的最大距离。

③【填充空白区域用】：用来调整拼贴块间空白区域的填充方式。有背景色、前景颜色、反选图像和未改变的图像 4 种选项。

（2）调节结束，单击【好】按钮即可，拼贴效果如图 9-48 所示。

3. 风

该滤镜在图像中创建细小的水平线条来模拟风的效果。

（1）单击菜单栏的【滤镜】命令，选择下拉菜单中【风格化】的子命令【风】。打开【风】对话框，根据需要进行调节，如图 9-49 所示。

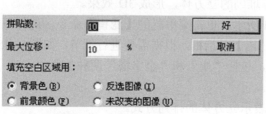

图 9-47 【拼贴】对话框

图 9-48   拼贴效果

图 9-49 【风】对话框

图 9-50   风效果

（2）调节结束，单击【好】按钮即可，效果如图 9-50 所示。

9.4 综合案例

1. 水中倒影

1）目标

我们给"古堡"图片添加倒影的效果。本案例主要掌握滤镜的使用方法。

2）设计思想

照片中有山缺水，不够丰富，给古堡加水中倒影，添加动感。

3）步骤

（1）打开素材"古堡.jpg"图片，选择【图像】|【画布大小】，并向下扩展。将背景图层命名为"古堡"，如图 9-51 所示。

图 9-51　"古堡"图层

（2）复制"古堡"图层。将图片垂直【翻转】，并把它置放在照片层的下方，命名为"倒影"，如图 9-52 所示。

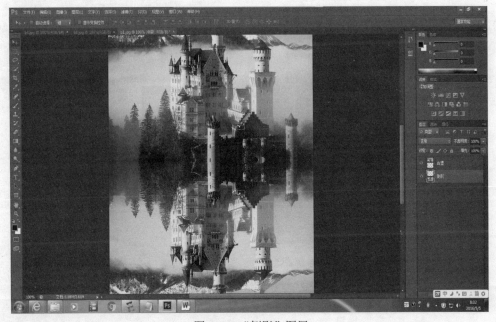

图 9-52　"倒影"图层

（3）现在在"倒影"层的下面添加一个新的层，命名为"水"，如图 9-53 所示。用蓝色填补它的下半部分。连接"水"和"倒影"层，给"倒影"层添加一个图层蒙版。在蒙版上使用一个"黑白线性渐变"，从水平线由下至上拉伸。

图 9-53 　"水"图层

（4）现在单独对"倒影"图层执行【滤镜】|【模糊】|【动态模糊】，设置角度 90 度，距离 10 像素。现在完成了"水面的反射"，如图 9-54 所示。下面接着制作"水面的涟漪"。

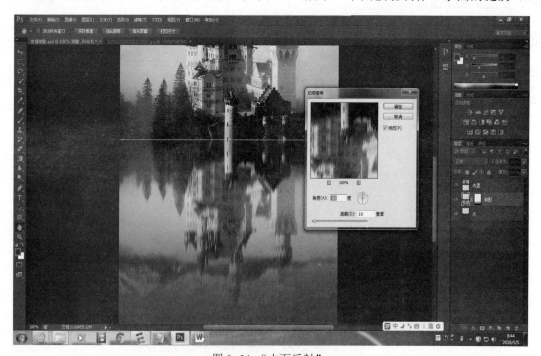

图 9-54 　"水面反射"

（5）新建一个 1 000×2 000px 的 RGB 文档。单击【滤镜】|【杂色】|【添加杂色】，并设置为最大数，如图 9-55 所示。

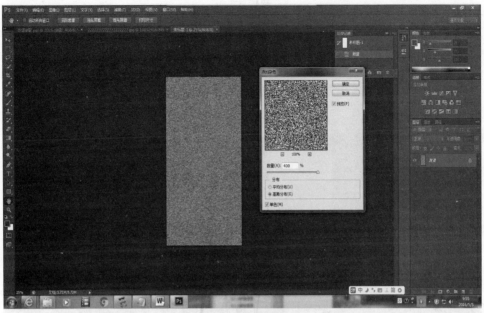

图 9-55　设置"杂色"

（6）接下来单击【滤镜】|【模糊】|【高斯模糊】，设定半径为 2 像素，效果如图 9-56 所示。

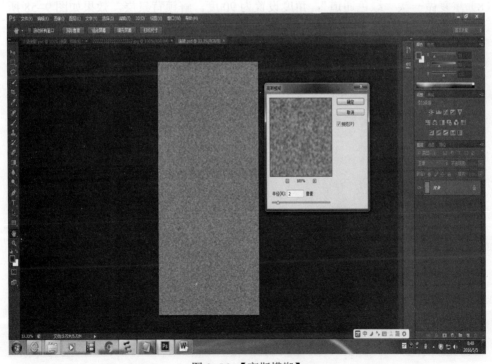

图 9-56　【高斯模糊】

（7）图层面板中切换到【通道】选项。选择"红色通道"，然后单击【滤镜】|【风格化】 |【浮雕效果】，设置角度 180 度，高度 1 像素和数量最大，效果如图 9-57 所示。

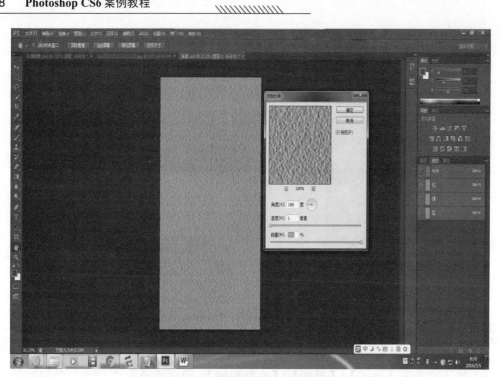

图 9-57　红色通道"浮雕"效果

（8）重复做一次"绿色通道"，角度设置为 90 度。解锁背景层，效果如图 9-58 所示。

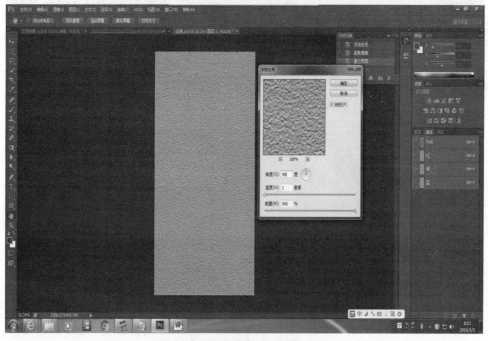

图 9-58　绿色通道"浮雕"效果

（9）接下来我们要"拉伸"背景层，这是为了调整透视。单击【编辑】|【变换】|【透视】，效果如图 9-59 所示。

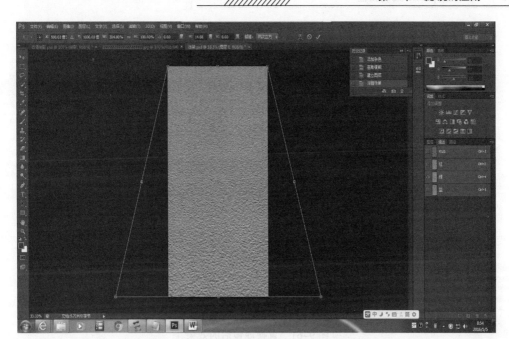

图 9-59　"透视"效果

（10）单击【图像】|【图像大小】，调整图像大小，留下纹路比较大的部分，保存 psd 格式文件，最大兼容，这是"涟漪"层，如图 9-60 所示。

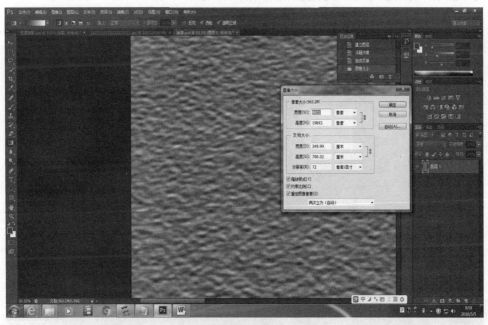

图 9-60　选择"涟漪"文件

（11）回到原来的处理文件，选择"倒影"图层，载入选区。执行【滤镜】|【扭曲】|【置换】，并设置水平扩展到 5，垂直扩展到 10。同时选择"伸展"以适合和重复边缘像素。单击【确定】后弹出选择框，选择我们刚做的"涟漪"文件，如图 9-61 所示。

图 9-61　置换滤镜后的效果

（12）下面调整压暗水和土地。新建一个图层，沿着地平线的区域创建一个狭窄的矩形选区。执行【编辑】|【填充】命令，选择黑色，为选区填充黑色，然后执行【滤镜】|【模糊】|【高斯模糊】命令，对选区高斯模糊 20 像素，效果如图 9-62 所示。

图 9-62　【高斯模糊】效果图

（13）改变地面图层混合模式为"柔光"，把它的不透明度调整为 50%，得到最终效果，如图 9-63 所示。

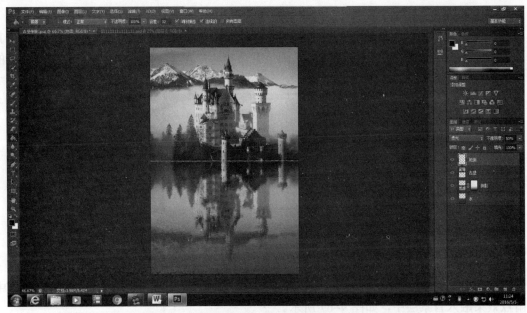

图 9–63　最终效果图

2. 下雨效果

1）目标

利用 Photoshop CS6 自带的滤镜，制作下雨效果。

2）设计思想

我们知道，大自然的天气总是变幻无常的，下面就利用 Photoshop CS6 自带的滤镜，为普通图片制作小雨淅沥效果。

3）步骤

（1）打开素材中的"房子.jpg"图片，如图 9–64 所示。为该图片添加小雨淅沥的天气效果。

图 9–64　"房子"图片

（2）在【图层】控制面板中将"背景"层拖放到【创建新的图层】 按钮上，复制出背景层的副本，后面的所有操作都将在此副本层上完成。

（3）选中副本层，然后单击【滤镜】|【像素化】|【点状化】命令，在弹出的【点状化】

对话框中，将单元格大小设置为 3，然后单击【好】按钮，其效果如图 9-65 所示。

（4）现在得到的效果仍然还有点像雪花，呈片状，下面可将片状变为颗粒状，然后把其中的彩色去掉。单击【图像】|【调整】|【阈值】命令，打开【阈值】对话框，将阈值色阶的值设为最大 255，其效果如图 9-66 所示。

图 9-65   点状化滤镜效果   图 9-66   调整阈值后效果

（5）在【图层】控制面板中，将副本层的图层混合模式设置为"滤色"，即可将副本层中的雨点效果融入背景层中，如图 9-67 所示。

（6）因为雨点具有动感的特点，因此可以为其添加一些模糊效果。单击【滤镜】|【模糊】|【动感模糊】命令，在【动感模糊】对话框中，将距离设置为 18，角度设置为 75 度，如图 9-68 所示。

图 9-67   设置混合模式   图 9-68   动感模糊滤镜效果

（7）让雨点清晰起来，单击【滤镜】|【锐化】|【USM 锐化】命令，在弹出的【USM 锐化】对话框中，设置数量为 50%，半径为 18.8 像素，阈值为 0 色阶。至此，下雨效果就出来了，最终效果如图 9-69 所示。

图 9-69   "下雨"最终效果图

思考与练习

一、单项选择题

1. 所有的滤镜都能作用于（　　）颜色模式的图像，而不能作用于（　　）颜色模式。

　　A. RGB，灰度　　　B. 灰度，CMYK　　　C. CMYK，索引　　　D. RGB，索引

2. 对文本图层和（　　）执行滤镜时，需要先转换为普通图层之后，才可执行滤镜功能。

　　A. 形状图层　　　B. 调整图层　　　C. 填充图层　　　D. 蒙版图层

3. 在【液化滤镜】对话框中，选择顺时针旋转工具  进行变形操作时，按下（　　）键，可以逆时针旋转变形图像。

　　A. Shift　　　B. Alt　　　C. Ctrl　　　D. Alt+Ctrl

4. 在【滤镜命令】对话框中，按下 Alt 键，【取消】按钮将变为（　　）按钮。

　　A. 复位　　　B. 重置　　　C. 退出　　　D. 返回

5. 执行过【滤镜命令】后，按下（　　）组合键可以打开该滤镜对话框。

　　A. Ctrl+F　　　B. Ctrl+Shift+F　　　C. Ctrl+Shift+Alt+F　　　D. Ctrl+Alt+F

6. 下列滤镜中属于渲染滤镜的命令是（　　）。

　　A. 照亮边缘滤镜　　B. 镜头光晕滤镜　　　C. 霓虹灯光滤镜　　　D. 极坐标滤镜

7. 可以使静止的交通工具产生直线运动效果的滤镜命令是（　　）。

　　A. 动感模糊　　　B. 高斯模糊　　　C. 径向模糊　　　D. 进一步模糊

8. 图 9-70（a）为原图，（　　）滤镜命令可以使该图生成图 9-70（b）的效果。

（a）　　　　　　　　　　　　（b）

图 9-70　练习题图 1

　　A.【风格化】|【浮雕】　　　　　　B.【纹理】|【拼缀图】

　　C.【像素化】|【马赛克】　　　　　D.【风格化】|【凸出】

二、操作题

1. 燃烧字效果制作，要求完成的最后效果如图 9-71 所示。

图 9-71　练习题图 2

（1）建一个新文件：16厘米×12厘米、灰度模式、黑色背景。

（2）植入文字"燃烧"，文字为白色。

（3）将文字制作成燃烧字的效果。

（4）将最后结果以文件 Xps8-07.tif 保存在考生目录中。

> 温馨提示：新建文件，选16厘米×12厘米、灰度模式、黑色背景，输入白色的文字"燃烧"，选择"黑体"，大小150像素左右；将文字逆时针旋转90度，选择滤镜中的"风"，方向"从右"，可连续使用3~4次，然后将文字顺时针旋转90度，合并图层；选择【图像】|【模式】|【索引颜色】，再选择【图像】|【模式】|【颜色表】，设置【颜色表】为"黑体"，用鼠标单击颜色块中右下角的白色小方格，利用【颜色拾取器】选择纯黑色，单击【确定】即可。

2. 将普通老虎照片制作出光照效果。要求：打开素材文件"老虎"图片，如图 9-72（a）所示，设置图层面板，填充黄色（R 为 190，G 为 140，B 为 0）。然后执行【滤镜】|【渲染】|【光照效果】命令，选择纹理通道为 Alpha 调节参数，最终效果如图 9-72（b）所示。

（a）　　　　　　　　　　　　（b）

图 9-72　练习题图 3

3. 通过对图像进行滤镜处理，产生特殊的石雕、素描、挂网效果，如图 9-73 所示。

图 9-73　练习题图 4

温馨提示：（1）【滤镜】|【风格化】|【浮雕效果】（设置角度–60度，高度16像素，数量100）；【滤镜】|【扭曲】|【扩散亮光】（设置粒度2，发光量10，清除数量18）。

（2）【滤镜】|【风格化】|【查找边缘】。

第 10 章

实 训 案 例

10.1　海 报 设 计

海报又称"招贴"，是一种张贴在墙壁或其他地方的大幅面广告，海报的幅面远远超过了报纸广告和杂志广告。由于从远景来看广告更能吸引大众的注意，因此海报在宣传媒介中占有很重要的位置。在设计海报时要注意表现形式与所宣传的内容相配合。构图时要将图形、色彩和文字等素材做适当的空间安排，给浏览者一种愉快的感觉。

下面以虚拟的"冰雪啤酒"为例来设计海报。整体效果如图 10-1 所示。

图 10-1　"冰雪啤酒"海报

具体操作步骤如下。

（1）新建宽度为：20 厘米，高度为 30 厘米，分辨率为 150 像素/英寸，背景为白色的文件。

（2）选取【渐变工具】，为"背景"图层由上至下填充从浅蓝色（R:0，G:167，B:225）到深蓝色（R:8，G:54，B:130）的径向渐变。选择【矩形选框工具】，绘制如图 10-2 所示的矩形选区。

（3）新建"图层 1"，利用【渐变工具】，为选区由上至下填充从浅蓝色（R:161，G:216，B:245）到淡蓝色（R:237，G:249，B:255）的线性渐变，效果如图 10-3 所示，然后取消选区。

图 10-2　绘制矩形选区　　　　　　　图 10-3　填充渐变色的效果

（4）打开素材图片"素材\第 10 章\海景.jpg"文件，选取【度量工具】，沿着海景图片中海面水平线绘制参考线，如图 10-4 所示。

图 10-4　绘制参考线

（5）选择【图像】|【旋转画布】|【任意角度】命令，弹出如图 10-5 所示的【旋转画布】对话框，在该对话框中显示图像旋转的角度，单击【确定】按钮，旋转后的画布如图 10-6 所示。

图 10-5　【旋转画布】对话框

（6）将海景图片移动复制到新建文件中生成"图层 2"，调整大小后放置到如图 10-7 所示的位置。

图 10-6   旋转后的图像效果

图 10-7   图片放置的位置

（7）执行【编辑】|【变换】|【水平翻转】命令，将图片水平翻转。单击"图层"面板下方的【添加图层蒙版】按钮，为"图层 2"添加图层蒙版并将图层混合模式设置为"颜色加深"，如图 10-8 所示。

（8）调整图片大小，然后按住 Ctrl 键的同时单击"图层 1"的图层缩览图添加选区。

（9）执行【选择】|【反向】命令将选区反选，然后给"图层 2"的蒙版填充黑色，效果如图 10-9 所示，然后取消选区。

图 10-8   设置图层混合模式

图 10-9   蒙版填充黑色效果

（10）选取【画笔工具】，利用黑色编辑蒙版，将"海景"图片的天空部分屏蔽掉，效果如图 10-10 所示。

（11）打开素材图片"素材\第 10 章\水花.psd"文件，将其移动复制到新建文件中生成"图层 3",调整大小后放置到如图 10–11 所示的位置。

图 10–10 编辑蒙版后的效果

图 10–11 "水花"图像放置的位置

（12）打开素材图片"素材\第 10 章\冰雪啤酒.psd"文件,将其移动复制到新建文件中生成"图层 4",调整大小后放置到如图 10–12 所示的位置。

（13）新建"图层 5",再利用【多边形套索工具】绘制选区,并为新建的选区填充绿色（R:0,G:134,B:70）,效果如图 10–13 所示,然后取消选区。

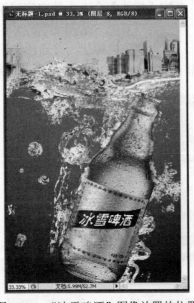
图 10–12 "冰雪啤酒"图像放置的位置

图 10–13 选区填充绿色后的效果

（14）新建"图层 6",再利用【多边形套索工具】绘制选区,并为新建的选区填充草绿色（R:0,G:159,B:80）,效果如图 10–14 所示,然后取消选区。

（15）依次新建图层后绘制选区，并为选区填充不同明度的绿色，效果如图 10–15 所示。

图 10–14　填充草绿色选区　　　　　　　　　　图 10–15　依次绘制选区并填充颜色

（16）打开素材图片"素材\第 10 章\标志.psd"文件，将其移动复制到新建文件中，调整大小后放置到画面的左上角位置，然后利用【文字工具】，输入如图 10–16 所示的绿色（R:0，G:134，B:70）文字，新宋体 30 点，平滑。

（17）执行【图层】|【图层样式】|【描边】命令，给文字描绘"大小"为 2 的草绿色（R:0，G:255，B:12）边，效果如图 10–17 所示。

图 10–16　放置标志并输入文字　　　　　　　　图 10–17　描边效果

（18）利用【文字工具】输入如图 10–18 所示的蓝色（R:24，G:24，B:120）文字，华文琥珀 48 点、72 点，平滑。利用【图层】|【图层样式】|【描边】命令，给文字描绘"大小"为 5 的白色边，效果如图 10–18 所示。

（19）执行【图层】|【栅格化】|【文字】命令，将文字图层转化为普通图层，然后利用【矩形选框工具】选取文字后，利用【移动工具】将文字调整至如图 10–19 所示的组合形态。

图 10–18　添加图层样式后的文字效果　　　　　图 10–19　调整后的文字形态

（20）利用【文字工具】在画面的下方输入如图 10–20 所示的白色文字。隶书 36 点，平滑。执行【图层】|【图层样式】|【描边】命令，给文字描绘"大小"为 3 的黑色边，效果如图 10–20 所示。

（21）选择【图层】|【栅格化】|【文字】命令，将文字图层转化为普通图层，再利用【渐变工具】为文字填充如图 10–21 所示的渐变颜色。

图 10–20　输入文字

图 10–21　调整后的文字形态

（22）选择【编辑】|【变换】|【透视】命令，将文字调整至如图 10–21 所示的透视形态。

（23）使用【文字工具】在画面下边右侧输入如图 10–22 所示的白色文字，黑体 24 点，平滑。

图 10–22　输入白色文字

10.2　简历封面设计

在竞争日益激烈的今天，想要找到一份心仪的工作，做一份漂亮的简历尤为重要。这个简历封面采用黄色和咖啡色作为主色调。简历正面的设计颇有现代主义设计风格。整体效果如图 10–23 所示。

图 10–23　简历整体效果图

具体操作步骤如下。

（1）新建文件，大小为 842 像素×595 像素，分辨率为 150 像素/英寸，背景为白色。

（2）打开素材图片"素材\第 10 章\素材 1.tif"文件，将其移动复制到新建文件中，生成"图层 1"，效果如图 10–24 所示。

（3）打开素材图片"素材\第 10 章\素材 2.tif"文件，将其移动复制到新建文件中，生成"图层 2"，效果如图 10–25 所示。

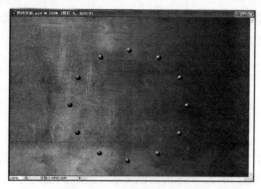

图 10-24   复制素材 1 文件

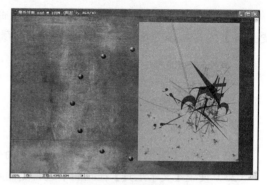

图 10-25   复制素材 2 文件

（4）利用【文字工具】，输入如图 10-26 所示的红色（R:212，G:0，B:0）文字，隶书 24 点，平滑。

（5）新建"图层 3"，选择【铅笔工具】，在属性栏中设置铅笔大小为 1 像素，前景色为白色，按住 Shift 键绘制如图 10-27 所示的直线，并设置"图层 3"的不透明度为"71%"。

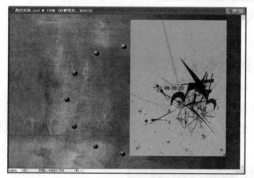

图 10-26   添加文字后效果

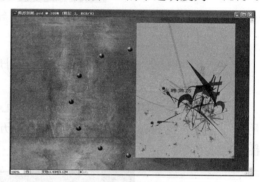

图 10-27   绘制线条后效果

（6）新建"图层 4"，绘制小椭圆。选择【椭圆选框工具】，在画布上建立一个较小的椭圆，将前景色设置为白色，按 Alt+Delete 键填充前景色。将"图层 4"复制 5 次，调整位置，得到如图 10-28 所示的效果。

（7）新建"图层 5"，绘制垂直竖线。选择【铅笔工具】，在属性栏中设置铅笔大小为 1 像素，前景色为白色，按住 Shift 键绘制如图 10-29 所示的垂直竖线。将"图层 5"复制 3 次，调整位置，得到如图 10-29 所示的效果。

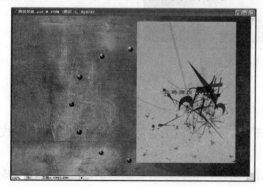

图 10-28   绘制椭圆后效果

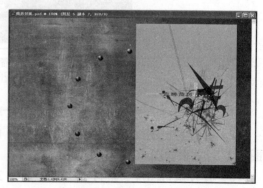

图 10-29   绘制竖线后效果

（8）新建"图层 6"，绘制白色矩形。选择【矩形选框工具】，在画布上绘制竖形的选区，并填充白色。设置图层的不透明度为"80%"，得到如图 10-30 所示的效果。

（9）选中"图层 6"，复制一份，并将此图层重命名为："图层 7"，按 Ctrl+T 键调整"图层 7"的大小与位置，并设置图层的不透明度为"60%"，得到如图 10-31 所示的效果。

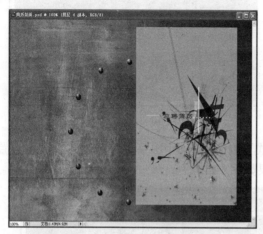

图 10-30　绘制第 1 个矩形后效果

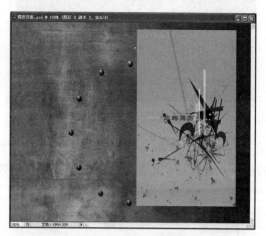

图 10-31　绘制第 2 个矩形后效果

（10）选中"图层 7"，复制一份，并将此图层重命名为"图层 8"，按 Ctrl+T 键调整"图层 8"的大小与位置，并设置图层的不透明度为"40%"，得到如图 10-32 所示的效果。

（11）选中"图层 8"，复制一份，并将此图层重命名为"图层 9"，按 Ctrl+T 键调整"图层 9"的大小与位置，并设置图层的不透明度为"20%"，得到如图 10-33 所示的效果。将以上的简历封面各图层编组，得到组 1，并隐藏组 1。

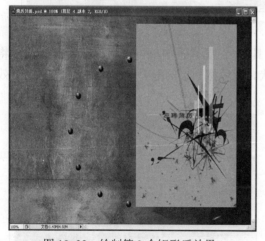

图 10-32　绘制第 3 个矩形后效果

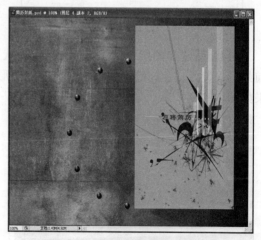

图 10-33　绘制第 4 个矩形后效果

（12）新建"图层 10"，选择【钢笔工具】，在画布上建立如图 10-34 所示的路径，按 Ctrl+Enter 键将路径转化为选区。并为选区填充咖啡色（R:70，G:29，B:2），如图 10-35 所示。

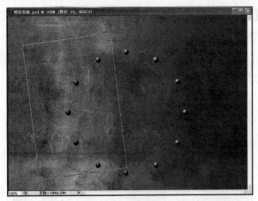

图 10-34　建立路径

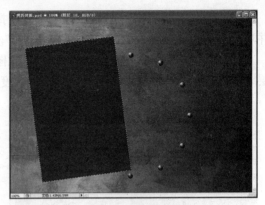

图 10-35　填充颜色

（13）选中"图层 10"，单击【添加图层样式】按钮，为此图层添加"投影"样式，设置投影图层样式对话框如图 10-36 所示，应用效果如图 10-37 所示。

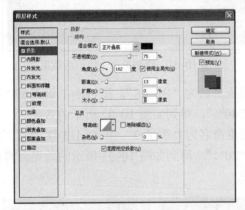

图 10-36　设置投影图层样式参数

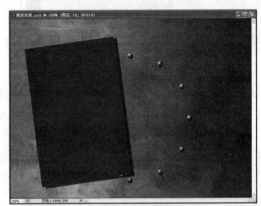

图 10-37　应用投影图层样式效果

（14）新建"图层 11"，选择【自定形状工具】，在属性栏中单击【填充像素】按钮，将前景色设置为白色，绘制如图 10-38 所示的形状。然后将图层的混合模式设置为"柔光"，效果如图 10-39 所示。

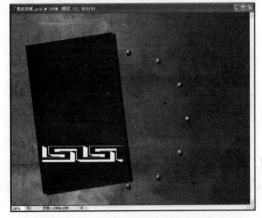

图 10-38　绘制自定形状效果

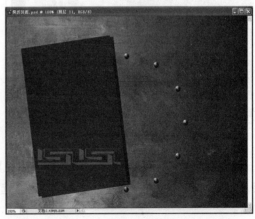

图 10-39　应用图层混合模式后效果

（15）选择"横排文字工具"，在画布上输入如图 10–40 所示的文字，设置文字属性如图 10–41 所示，然后设置图层的不透明度为"63%"，效果如图 10–40 所示。

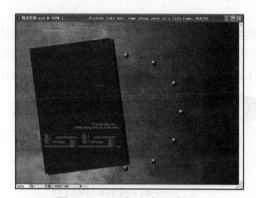 

图 10–40　添加文字后效果　　　　　　　　　图 10–41　设置文字属性

（16）选择"横排文字工具"，在画布上输入如图 10–42 所示的文字，设置文字选项如图 10–43 所示，效果如图 10–42 所示。

图 10–42　添加文字后效果　　　　　　　　　图 10–43　设置文字选项

（17）显示组 1，选中组 1 的所有图层，按 Ctrl+E 键将这些图层合并，按 Ctrl+T 键调整合并后图层的位置，如图 10–44 所示。

（18）单击【添加图层样式】按钮，添加"投影"图层样式，弹出的对话框设置如前图 10–36 所示，最终效果如图 10–45 所示。

图 10–44　合并图层并调整位置　　　　　　　图 10–45　最终效果图

10.3 证 卡 设 计

证卡的功用和形式多样，如工作证、购物卡、贵宾卡、优惠卡、会员卡等。在设计时相对比较简单，设计的要素一般包括公司名称、服务内容、使用说明、编号、卡号、联系方式等。下面通过虚拟的"禾木家具"工作证来学习证卡的设计方法。整体效果如图 10-46 和图 10-47 所示。

图 10-46　工作证正面

图 10-47　工作证背面

具体操作步骤如下。

（1）新建宽度为 20 厘米，高度为 35 厘米，分辨率为 200 像素/英寸，背景为白色的文件。

（2）选择【渐变工具】，设置前景色为浅绿色（R:223，G:238，B:181），背景色为淡绿色（R:236，G:244，B:211）。由上至下为背景图层填充"前景到背景"的线性渐变。

（3）选择【钢笔工具】，绘制并调整出如图 10-48 所示路径。然后按 Ctrl+Enter 键将路径转换为选区。

（4）新建"图层 1"，为选区填充绿色（R:0，G:99，B:55），取消选区，填充颜色后的效果如图 10-49 所示。

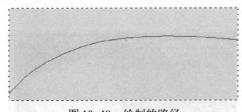

图 10-48　绘制的路径

图 10-49　填充颜色后的效果

（5）选择【钢笔工具】，绘制并调整出如图 10-50 所示路径，然后按 Ctrl+Enter 键将路径转换为选区。

（6）选择【渐变工具】，设置前景色为浅绿色（R:74，G:148，B:59），背景色为绿色（R:5，G:109，B:59）。

（7）新建"图层 2"，在选区中由左至右填充从前景色到背景色的线性渐变色，然后取消选区，效果如图 10-51 所示。

图 10-50 绘制的路径

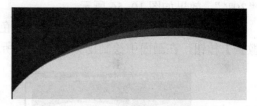

图 10-51 填充渐变色后的效果

（8）将"图层 1"复制为"图层 1 副本"，然后执行【编辑】|【变换】|【垂直翻转】命令，将复制出的图形垂直翻转。

（9）将复制出的图形移至画面的下方位置，再按 Ctrl+T 键为其添加自由变形框，并在垂直方向上拖曳将其稍微拖长一点，如图 10-52 所示。

（10）新建"图层 3"，同理，绘制路径并将路径转换为选区，然后为选区填充从深绿色（R:5，G:109，B:59）到浅绿色（R:87，G:154，B:58）的线性渐变色，效果如图 10-53 所示。

图 10-52 调整大小后的图形形态

图 10-53 填充渐变色后的效果

（11）新建"图层 4"，同理，绘制路径并将路径转换为选区，然后为选区填充从浅绿色（R:4，G:153，B:61）到绿色（R:3，G:124，B:44）的线性渐变色，效果如图 10-54 所示。

（12）同理，依次绘制路径并将其转换为选区，在新建图层中填充渐变色，绘制出如图 10-55 所示的效果。

图 10-54 填充渐变色后的效果

图 10-55 制作出的图形效果

（13）打开素材图片"素材\第 10 章\花卉.psd"文件。将其移到并复制到新建文件中生成"图层 7"，然后调整至合适的大小放置到如图 10-56 所示的位置。设置"图层 7"的不透明度为"30%"，效果如图 10-56 所示。

（14）新建"图层 8"，将前景色设置为白色，选择【圆角矩形工具】，单击属性栏中的【填充像素】按钮，在画面中绘制出如图 10-57 所示的白色圆角矩形。

图 10-56　降低不透明度后的效果　　　　图 10-57　绘制的白色圆角矩形

（15）打开素材图片"素材\第 10 章\禾木标志.psd"文件，将其移动并复制到新建文件中生成"图层 8"，然后调整至合适的大小放置到如图 10-58 所示的位置。

（16）选择【直排文字工具】，输入如图 10-58 所示的深绿色（R:18，G:93，B:6）文字。设置文字属性如图 10-59 所示。

图 10-58　标志和文字效果　　　　　　图 10-59　设置文字属性

（17）单击【添加图层样式】按钮，为文字添加"投影"和"描边"图层样式，设置对话框如图 10-60 和图 10-61 所示，应用效果如图 10-62 所示。

（18）选择【文字工具】，输入如图 10–63 所示的白色文字。

（19）同理，设计出如图 10–47 所示工作证的背面。

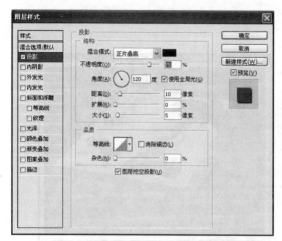

图 10–60　投影样式参数　　　　　　　　　　图 10–61　描边样式参数

图 10–62　添加样式后的文字效果

图 10–63　输入的文字

10.4　包 装 设 计

　　包装装潢设计是商品及其外包装的艺术设计。在进行包装装潢设计时要根据不同的产品特性和不同的消费群体需求，分别采取不同的艺术处理和相应的印刷制作技术，其目的是向消费者传递准确的商品信息，树立良好的企业形象，同时对商品起到保护、美化、宣传和提高商品竞争力的作用。优秀的包装设计一般都具有科学性、经济性、艺术性、实用性及民族特色等特点。下面通过虚拟的"椰子酥"食品包装为例来学习包装设计。整体效果如图 10–64和图 10–65 所示。

图 10-64   包装盒的平面图   图 10-65   包装盒的立体效果

1. 设计包装平面展开图

具体操作步骤如下。

（1）新建宽度为 24 厘米，高度为 29 厘米，分辨率为 150 像素/英寸的文件。为背景填充黄绿色（R:126，G:173，B:0）。

（2）选择【视图】|【新建参考线】命令，在垂直方向的 4.3 厘米、11.8 厘米、19.3 厘米和水平方向的 4.3 厘米、24.8 厘米处添加如图 10-66 所示的参考线。

（3）新建"图层 1"，选择【矩形选框工具】绘制选区并填充银灰色（R:238，G:238，B:238），如图 10-67 所示。

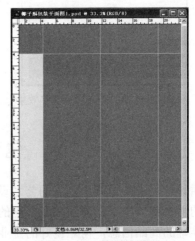

图 10-66   添加的参考线   图 10-67   绘制的图形

（4）新建"图层 2""图层 3"，依次在画面中绘制如图 10-68 所示的白色和橘黄色（R:255，G:228，B:166）图形。

（5）打开素材图片"素材\第 10 章\椰子树.psd"文件，将椰子树、托盘和点心图像移动复制到文件中。形成图层 4、图层 5 和图层 6。

（6）将"图层 1"移最顶层，灰色图形遮盖住椰子树的左边，效果如图 10-69 所示。

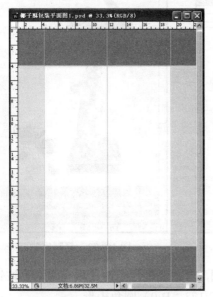

图 10-68 白色和橘黄色图形　　　　　　　　图 10-69 调整图层后的效果

（7）打开素材图片"素材\第 10 章\茶具.psd"和"树叶.psd"文件，将茶具和树叶图像复制到文件中，形成图层 7 和图层 8。如图 10-70 所示。

图 10-70 图像在画面中的位置

（8）选择【图层】|【图层样式】|【投影】命令给叶子添加投影效果，设置弹出的对话框，如图 10-71 所示。然后选择【移动工具】，在按住 Alt 键的同时再移动复制出两片叶子，分别调整大小后放置到如图 10-72 所示的位置。

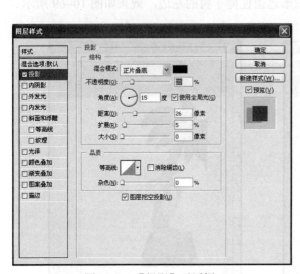

图 10-71 【投影】对话框   图 10-72 复制出的叶子

（9）新建"图层 9"，选择【圆角矩形工具】，单击属性栏中的【填充像素】按钮，在画面中绘制出如图 10-73 所示的黄绿色（R:126，G:173，B:0）圆角矩形。

（10）新建"图层 10"，再绘制如图 10-74 所示的白色图形。

图 10-73　绘制的圆角矩形   图 10-74　绘制的白色图形

（11）选择【直排文字工具】，在白色图形上输入如图 10-75 所示的深绿色（R:0，G:135，B:25）文字。

（12）打开素材图片"素材\第 10 章\花纹.psd"文件，将花纹图像复制到文件中，生成"图层 11"，如图 10-76 所示。

图 10-75 输入的文字

图 10-76 图像在画面中的位置

（13）选择【矩形选框工具】，在图案的左边绘制选区，按 Delete 键删除选区内的图像，效果如图 10-77 所示。

（14）选择【移动工具】，按住 Shift+Alt 键的同时移动复制花纹图像，然后分别放置到画面如图 10-78 所示的位置。

图 10-77 删除内容后的效果

图 10-78 复制出的图像

（15）选择【移动工具】，将打开的"椰子树.psd"文件中的质量安全标志移动复制到文件中，再绘制一个白色的矩形，如图 10-79 所示。

（16）在画面中输入如图 10-80 所示的白色文字。并复制"海南特产"文字层，将文字旋转角度后放置到如图 10-80 所示的位置。

（17）选择【文字工具】在包装中输入侧面的文字内容，最终效果如图 10-64 所示。

图 10-79　标志和白色矩形

图 10-80　复制出的文字

2. 食品包装立体效果

下面根据准备的包装盒型，把设计完成的椰子酥包装平面图贴到盒型上面，得到椰子酥包装盒的立体效果。

具体操作步骤如下。

（1）打开素材图片"素材\第 10 章\包装盒型.jpg"文件，如图 10-81 所示。

（2）将设计完成的"椰子酥包装平面图.psd"文件，执行【图层】|【拼合图像】命令将图层合并。

（3）选择【矩形选框工具】将包装平面图盒子的正面图形选取后移动到"包装盒型.jpg"文件中，按 Ctrl+T 键给图形添加变形框，按住 Ctrl 键的同时拖动控制点将正面图形调整并移动到包装盒上面，效果如图 10-82 所示。

图 10-81　打开的素材图像

图 10-82　调整正面图形并移动到包装盒上

（4）把俯面图形复制后调整成如图 10-83 所示的透视形态。

（5）同理把侧面图形也复制过来调整成如图 10-84 所示的透视形态。

（6）按住 Ctrl 键的同时单击"图层 3"的缩览图添加选区。在"图层 3"下面新建"图层 4"并填充黑色，然后将"图层 3"的不透明度设置为"70%"，以降低侧面的透明度，效果如图 10-85 所示。

图 10-83 调整俯面的透视形态

图 10-84 调整侧面的透视形态

（7）同理，按住 Ctrl 键的同时单击"图层 2"的缩览图添加选区。在"图层 2"下面新建"图层 5"并填充黑色，然后将"图层 2"的不透明度设置为"90%"，将前面的俯面也降低不透明度，效果如图 10-85 所示。

（8）将背景图层设为工作层，然后利用【多边形套索工具】绘制如图 10-86 所示的选区，执行【图像】|【调整】|【去色】命令，将下面的红色改成灰色。

图 10-85 降低侧面、俯面的明度效果

图 10-86 绘制的选区

（9）选择【直线工具】，在选项中设置"粗细"值为 5，在"图层 3"上面新建"图层 6"，在盒子的棱角位置绘制如图 10-87 所示的灰色线。

图 10-87 绘制的灰色线

（10）选择【滤镜】|【模糊】|【高斯模糊】命令，在对话框中设置"半径"值为 1 像素，使图像模糊一些。

10.5 手机宣传广告

广告对现代人的生活具有强大的影响力，它具有传达商品信息的基本功能，它所传达的内容和表现形式具有明确的目的和诱惑力。下面通过一个手机宣传广告的设计制作，来学习广告合成的方法和技巧。整体效果如图 10-88 所示。

图 10-88   整体效果图

具体操作步骤如下。

（1）新建宽度为 1 200 像素，高度为 1 200 像素，分辨率为 300 像素/英寸，颜色模式为 CMYK，背景为白色的文件。

（2）选择【渐变工具】，设置前景色为蓝色（C:96，M:76，Y:5，K:0），背景色为深蓝色（C:100，M:97，Y:62，K:39）。由中心向上为背景图层填充"前景到背景"的径向渐变，效果如图 10-89 所示。

（3）新建"组 1"，在"组 1"中新建"图层 1"，绘制不同颜色的矩形，颜色值分别为白色（C:0，M:0，Y:0，K:0），咖啡色（C:74，M:73，Y:69，K:37），灰色（C:60，M:55，Y:51，K:1），黑色（C:88，M:84，Y:84，K:73），如图 10-90 所示。复制"图层 1"，直至布满画布，如图 10-91 所示。合并"组 1"为图层"组 1"。

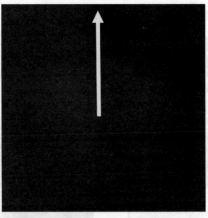

图 10-89 填充径向渐变

图 10-90 绘制矩形条

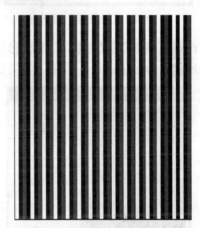

图 10-91 矩形条布满画布

（4）选择【滤镜】|【模糊】|【动感模糊】命令，弹出【动感模糊】对话框，设置如图 10-92 所示。单击【确定】按钮，效果如图 10-93 所示。

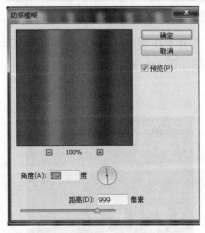

图 10-92 设置【动感模糊】参数

图 10-93 动感模糊效果

（5）选择【滤镜】|【扭曲】|【极坐标】命令，弹出【极坐标】对话框，设置如图 10-94

所示。单击【确定】按钮，效果如图 10-95 所示。

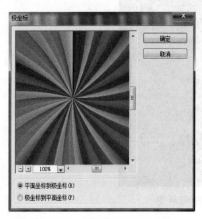

图 10-94　【极坐标】对话框

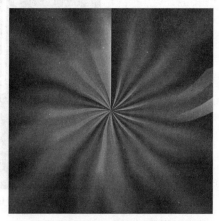

图 10-95　极坐标效果

（6）选择【滤镜】|【扭曲】|【旋转扭曲】命令，弹出【旋转扭曲】对话框，设置如图 10-96 所示。单击【确定】按钮，效果如图 10-97 所示。

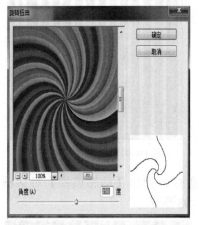

图 10-96　设置【旋转扭曲】参数

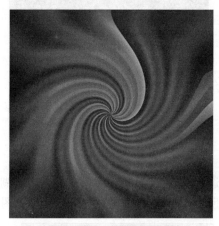

图 10-97　旋转扭曲效果

（7）为该图层添加【图层蒙版】。使用【渐变工具】在蒙版中从中心到四周拖动填充黑白径向渐变，效果如图 10-98 所示。图层蒙版缩略图如图 10-99 所示。

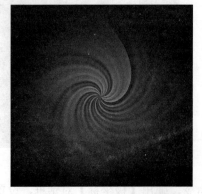

图 10-98　添加图层蒙版效果

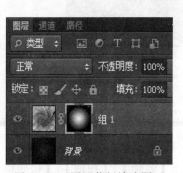

图 10-99　图层蒙版缩略图

（8）打开素材图"手机.tif"，将其移动到设计文档中，如图 10-100 所示。自动形成"图层 1"。

（9）复制"图层 1"，执行【编辑】|【变换】|【垂直翻转】命令，翻转图像。为该图层添加图层蒙版，使用【渐变工具】，填充黑白线性渐变，并移动到"图层 1"下方，效果如图 10-101 所示。

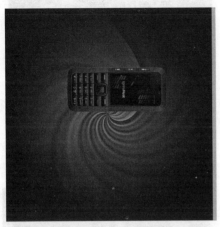

图 10-100　移动手机素材

图 10-101　翻转渐变效果

（10）打开素材图"图形.tif"，将其移动到设计文档中，自动形成"图层 2"。移动到"图层 1"的下方，效果如图 10-102 所示。

（11）新建"图层 3"，使用【钢笔工具】，绘制如图 10-103 所示的路径。按 Ctrl+Enter 组合键将路径转化为选区。选择【渐变工具】并在【渐变编辑器】对话框中进行设置，如图 10-104 所示，为选区填充渐变，效果如图 10-105 所示。

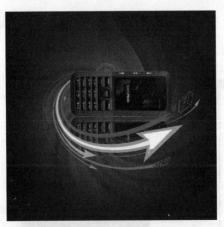

图 10-102　移动"图形"素材

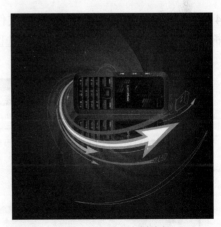

图 10-103　绘制路径

（12）取消选区，执行【滤镜】|【模糊】|【高斯模糊】命令，弹出【高斯模糊】对话框，将半径设置为 3.0 像素。

（13）选择"图层 3"，单击图层面板上的【添加图层样式】按钮，在弹出菜单中选择【外发光】选项，参数设置如图 10-106 所示。单击【确定】按钮，图像效果如图 10-107 所示。

图 10-104 【渐变编辑器】对话框

图 10-105　填充渐变效果

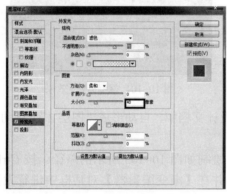

图 10-106　设置【外发光】参数

图 10-107　外发光效果

（14）新建一个 100 像素×100 像素的文件，参数设置如图 10-108 所示。新建"图层 1"，使用【椭圆选框工具】在画布中绘制椭圆选区，如图 10-109 所示。

图 10-108　新建文件参数设置

图 10-109　绘制椭圆选区

（15）在选区中填充渐变。使用【渐变编辑器】对话框设置渐变，如图 10-110 所示，选择"对称渐变"填充，效果如图 10-111 所示。

图 10-110 【渐变编辑器】对话框   图 10-111 填充渐变效果

（16）执行【滤镜】|【模糊】|【高斯模糊】命令，设置半径为 1 像素。

（17）使用【自由变换命令】调整图形的角度，复制图层，再调整角度，效果如图 10-112 所示。

（18）选择【画笔工具】，设置一种"柔边圆"笔触，在图形中间单击，以增加光晕效果，效果如图 10-113 所示。

（19）按 Ctrl+Shift+Alt+E 组合键盖印图层，按 Ctrl+I 组合键反相，效果如图 10-114 所示。

图 10-112 复制旋转   图 10-113 光晕效果   图 10-114 反相效果

（20）执行【编辑】|【定义画笔预设】命令，弹出【画笔名称】对话框，如图 10-115 所示，单击【确定】按钮，将图形定义为画笔。

图 10-115 定义画笔

（21）返回设计文档，新建图层，选择刚创建的画笔"xx"，打开"画笔"面板，分别设置"画笔笔尖形状"，如图 10-116 所示；"形状动态"，如图 10-117 所示；"散布"，如图 10-118

所示。

　图 10–116　"画笔笔尖形状"设置　　图 10–117　"形状动态"设置　　图 10–118　"散布"设置

　　（22）设置完成后，在画布中涂抹，效果如图 10–119 所示。利用相同的方法，新建图层制作出其他光点效果，如图 10–120 所示。

　　　　图 10–119　涂抹效果　　　　　　　　图 10–120　其他光点效果

　　（23）使用【文字工具】，在画布中单击并输入文字，效果如图 10–121 所示。

图 10–121　文字效果

（24）按住 Ctrl+Shift 组合键单击"背景""组 1"图层的缩略图，将其载入选区，在顶层新建"色彩平衡"调整图层，设置如图 10–122 所示。整体效果见图 10–88。

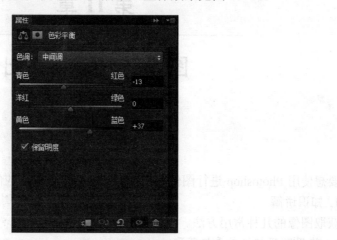

图 10–122 设置"色彩平衡"

（3）在Ctrl+Shift键的同时，打开"对齐"、选择"【"图层的底部}，将其放入人容器，往后按
左下"【"、"右按【ITE】，放置相应的【】后调，将其放到左侧图 16 K6。

第 11 章

图像的获取与输出

11.1　获取图像

要想使用 Photoshop 进行图像处理，首先应该准备好相应的图片素材。

1. 知识讲解

获取图像的几种常用方法。

1）使用数码相机或手机获取

使用数码相机或手机拍摄照片，通过数据线与计算机连接，即可将其中的照片复制到计算机中。

2）从网上获取

网上有大量的图片素材，可以通过打开图片素材网站，使用图片下载和另存的方法，将图片保存在计算机中。

3）通过素材光盘获取

可以将素材光盘放到光驱中，将图片复制到计算机中。

4）使用抓图软件获取

使用抓图软件能够抓取指定的图片，甚至可以抓取图片的固定区域或选择区域等。例如红蜻蜓抓图软件。

5）使用扫描仪获取

使用扫描仪可以将纸质的图片直接扫描到计算机中。

2. 案例应用

案例目标：如何从网上获取图片。

操作步骤如下。

（1）打开浏览器，输入图片素材所在的网页地址，例如：http://sc.chinaz.com/tupian/fenging.html，如图 11-1所示。

（2）打开需要的图片素材网页后，右键单击想要的图片，在弹出的快捷菜单中选择【图片另存为】命令，如图 11-2 所示。

（3）弹出【另存图片】对话框，选择图片的存放位置，单击【保存】按钮即可。

图 11-1 打开网页

图 11-2 选择【图片另存为】命令

11.2 图像的印刷输出

有一些需要量大的图像,如图书、宣传单等,通过印刷可以大量地输出。

1. 知识讲解

如果要把图像进行印刷输出,需要做以下工作。

1）印前准备工作

印前准备工作主要包括以下几个方面。

（1）图像的分辨率。分辨率是保证印刷后图像是否清晰的关键。分辨率越高，图像就越清晰，但存储图像的空间也越大。在实际应用中不同的场合对分辨率的要求是不一样的。

① Photoshop 中默认的分辨率是 72 像素/英寸，适合于普通显示器。

② 发布于网络的图像分辨率通常设置为 72 像素/英寸或 96 像素/英寸。

③ 报纸图像作品通常设置为 120 像素/英寸或 150 像素/英寸。

④ 印刷图像作品通常设置为 300 像素/英寸。

（2）图像的颜色模式。图像的不同输出方式，要求的颜色模式也不同。印刷作品，要求使用 CMYK 颜色模式；在网页上观看的作品，可以选择 RGB 颜色模式。

（3）选择图像的存储格式。用户根据输出需要将图像存储为相应的格式。若用于观看，可将图像存储为 JPG 格式；若用于印刷，可将图像存储为 TIF 格式。

2）印前处理的工作流程

印前处理的工作流程主要包括以下几个基本步骤。

（1）对图像作品进行色彩校准，打印出校稿，以便修改。

（2）对校稿修改后，再次出校稿进行修改，直到定稿。

（3）打印样稿，若无问题，交付印刷中心进行制版、印刷。

3）色彩校准

如果显示器显示的颜色有偏差或者打印机在打印图像时造成图像颜色有偏差，将导致印刷后的图像色彩与在显示器中所看到的颜色不一样。因此，图像的色彩校准是印前处理工作中不可缺少的一步，包括下面几种。

（1）显示器的色彩校准。

（2）打印机的色彩校准。

（3）图像的色彩校准。

4）将 RGB 颜色模式转成 CMYK 颜色模式

Photoshop 中制作的图像都是 RGB 颜色模式的，在印刷之前必须先将其转换成 CMYK 模式，因为出片中心是以 CMYK 模式对图像进行 4 色分色的，即将图像中的颜色分解为 C（青色）、M（品红）、Y（黄色）和 K（黑色）4 张胶片。

5）分色和打样

图像在印刷之前必须进行分色和打样。

（1）分色：输出中心将原稿上的各种颜色分解为青色、品红、黄色和黑色 4 种原色。在计算机印刷设计或平面设计软件中，分色工作就是将扫描图像或其他来源图像的颜色模式转换为 CMYK 模式。

（2）打样：印刷厂在印刷之前，必须将所印刷的作品交给出片中心。出片中心先将 CMYK 模式的图像进行青色、品红、黄色和黑色 4 种胶片分色，再进行打印。

2. 案例应用

1）案例目标

如何进行图像印刷模式的转换。

2）操作步骤

（1）打开一张颜色模式为 RGB 的图片，如图 11-3 所示。

图 11-3　RGB 模式　　　　　　　图 11-4　CMYK 模式

（2）选择【图像】|【模式】|【CMYK 颜色】命令，将图像转换为打印的 CMYK 颜色模式，如图 11-4 所示。

11.3　输出打印图像

图像处理之后的一个重要目的就是要将其打印输出。

1. 知识讲解

图像的打印需要先进行一些参数的设置，然后通过打印预览来看效果，如果符合需要，就可以正式打印。打印内容包括以下几个方面。

1）设置打印内容

（1）打印指定图层。在默认情况下，Photoshop 打印一幅图像的所有可见图层，如果只需要打印部分图层，可以将不需要打印的图层设置为不可见。

（2）打印图像选区。打印图像选区，可以先使用选框工具在图像中创建选区，然后打印。

2）页面设置

（1）打开需要打印的图像。

（2）选择【文件】|【页面设置】命令，打开如图 11-5 所示的【页面设置】对话框。

（3）在对话框中设置相应的参数后，单击【确定】按钮。

3）打印

（1）选择【文件】|【打印】命令，打开如图 11-6 所示【打印】对话框。

图 11-5　【页面设置】对话框

（2）在【打印】对话框中设置相应的参数后，单击【完成】即可。

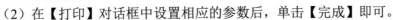

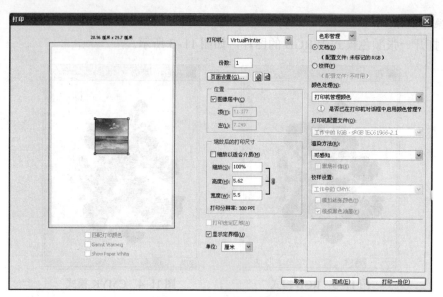

图 11-6 【打印】对话框

2. 案例应用

1）案例目标

如何设置并打印图像。

2）操作步骤

（1）打开一幅图像。

（2）选择【文件】|【打印】命令，打开【打印】对话框。

（3）选中 ☑缩放以适合介质(M)，让图像自动适合图纸大小尺寸。

（4）单击 页面设置(G)... 按钮，打开【页面设置】对话框，设置纸张大小和方向，单击【确定】。

（5）设置完成后，单击【打印一份】按钮，打印图像。

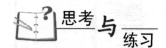

思考与 练习

一、单项选择题

1. 如果要印刷输出图像，必须使用（　　）颜色模式。

    A. CMYK　　　　　B. Lab　　　　　　C. RGB　　　　　　　D. 索引

2. 要将图像中的部分区域打印输出，应该使用（　　）创建图像选区。

    A. 矩形选框工具　　　　　　　　B. 多边形套索工具

    C. 椭圆选框工具　　　　　　　　D. 魔棒工具

二、上机操作

任意打开一幅图像，练习设置打印选项参数，然后将其打印到 A4 纸上。

附录 A 思考与练习参考答案

第 1 章

一、填空题：1. 像素 2. 像素 马赛克效果 3. 像素 4. 单位长度内含有点（即像素）的多少 5. PSD 6. 矢量图 7. RGB 8. PNG

二、简答题

1. 矢量图与位图最大的区别是，它不受分辨率的影响。因此在印刷时，可以任意放大或缩小图形而不会影响出图的清晰度，文件占用空间较小，适用于图形设计、文字设计和一些标志设计、版式设计等。

2. RGB 颜色模式是一种利用红（Red）、绿（Grade）、蓝（Blue）三种基本颜色进行颜色加法，配制出绝大部分肉眼能看到的颜色，一般主要用于屏幕显示。

CMYK 颜色模式是一种印刷模式，其中的四个字母分别是青、洋红、黄、黑。CMYK 模式在本质上与 RGB 颜色模式没有什么区别，只是产生色彩的原理不同，RGB 产生颜色的方法称为加色法，CMYK 产生颜色的方法称为减色法。

第 2 章

一、填空题

1. X 键 2. Ctrl+N 3. Ctrl+O 4. Ctrl+S 5. Ctrl+Alt+– Ctrl+Alt++
6. 打开图像文件 7. 全屏、带菜单的全屏、标准屏幕和最大化屏幕 F
8. 文件 最近打开文件夹

二、单项选择题

1. A 2. B 3. D 4. B 5. B 6. A 7. C 8. A

三、简答题

1. 单击工具箱中【缩放工具】，然后移动到打开的图像上，光标呈 🔍 状，此时单击鼠标即可将图像放大一倍显示，若按住 Alt 键光标变为 🔍 状，此时单击鼠标即可将图像缩小 1/2 显示。

2. 在改变位图图像的大小时应该注意，当图像由大变小时，其印刷质量不会降低；但当图像由小变大时，其印刷品质将会下降。

第 3 章

单项选择题

1. B 2. B 3. C 4. A 5. C 6. C 7. B 8. C 9. D

第 4 章

一、填空

1. Photoshop 2. 显示效果 3. 最底层 4. 其他图层 5. 调整图层 6. 不透明度

7. 不会　8. 文字图层

二、单项选择题

1. B　2. C　3. B　4. B　5. B　6. C　7. C　8. B　9. D　10. D

三、多项选择题

1. ABCD　2. ABD　3. ACD　4. BCD　5. AD　6. ABD　7. BCD　8. AB　9. AC

10. ABD

四、判断题

1. 错　2. 对　3. 对　4. 对　5. 对　6. 对　7. 错　8. 对　9. 错　10. 对

第5章

一、填空题

1. 图层效果

2. 普通图层，文本图层

3. 凹陷

4. 剪切蒙版，图层蒙版

二、单项选择题

1. C　2. B　3. B　4. D　5. B　6. A　7. B　8. D　9. D　10. D

三、多项选择题

1. ABC　2. AB　3. ABD　4. ABC　5. AC　6. ACD　7. ACD　8. BC　9. AD

四、判断题

1. 错　2. 错　3. 对　4. 错　5. 对　6. 对　7. 对　8. 错　9. 对

第6章

单项选择题：1. C　2. D　3. C

第8章

单项选择题：1. A　2. A　3. B　4. B　5. C

第9章

单项选择题：1. D　2. A　3. B　4. A　5. D　6. C　7. A　8. C

第11章

单项选择题：1. A　2. A

附录 B Photoshop 常用快捷键

工具箱（多种工具共用一个快捷键的可同时按 Shift 加此快捷键选取）

矩形、椭圆选框工具：M

裁剪工具：C

移动工具：V

套索、多边形套索、磁性套索：L

魔棒工具：W

喷枪工具：J

画笔工具：B

像皮图章、图案图章：S

历史记录画笔工具：Y

像皮擦工具：E

铅笔、直线工具：N

模糊、锐化、涂抹工具：R

减淡、加深、海棉工具：O

钢笔、自由钢笔、磁性钢笔：P

添加锚点工具：+

删除锚点工具：−

直接选取工具：A

文字、文字蒙版、直排文字、直排文字蒙版：T

度量工具：U

直线渐变、径向渐变、对称渐变、角度渐变、菱形渐变：G

油漆桶工具：K

吸管、颜色取样器：I

抓手工具：H

缩放工具：Z

默认前景色和背景色：D

切换前景色和背景色：X

切换标准模式和快速蒙版模式：Q

标准屏幕模式、带有菜单栏的全屏模式、全屏模式：F

临时使用移动工具：Ctrl

临时使用吸色工具：Alt

临时使用抓手工具：空格

打开工具选项面板：Enter

快速输入工具选项（当前工具选项面板中至少有一个可调节数字）：0～9

循环选择画笔：[或]

选择第一个画笔：Shift+[

选择最后一个画笔：Shift+]

建立新渐变（在"渐变编辑器"中）：Ctrl+N

文件操作

新建图形文件：Ctrl+N

用默认设置创建新文件：Ctrl+Alt+N

打开已有的图像：Ctrl+O

打开为：Ctrl+Alt+O

关闭当前图像：Ctrl+W

保存当前图像：Ctrl+S

另存为：Ctrl+Shift+S

存储副本：Ctrl+Alt+S

页面设置：Ctrl+Shift+P

打印：Ctrl+P

打开【预置】对话框：Ctrl+K

显示最后一次显示的【预置】对话框：Ctrl+Alt+K

设置【常规】选项（在预置对话框中）：Ctrl+1

设置【存储文件】（在预置对话框中）：Ctrl+2

设置【显示和光标】（在预置对话框中）：Ctrl+3

设置【透明区域与色域】（在预置对话框中）：Ctrl+4

设置【单位与标尺】（在预置对话框中）：Ctrl+5

设置【参考线与网格】（在预置对话框中）：Ctrl+6

设置【增效工具与暂存盘】（在预置对话框中）：Ctrl+7

设置【内存与图像高速缓存】（在预置对话框中）：Ctrl+8

编辑操作

还原/重做前一步操作：Ctrl+Z

还原两步以上操作：Ctrl+Alt+Z

重做两步以上操作：Ctrl+Shift+Z

剪切选取的图像或路径：Ctrl+X 或 F2

拷贝选取的图像或路径：Ctrl+C

合并拷贝：Ctrl+Shift+C

将剪贴板的内容粘到当前图形中：Ctrl+V 或 F4

将剪贴板的内容粘到选框中：Ctrl+Shift+V

自由变换：Ctrl+T

应用自由变换（在自由变换模式下）：Enter

从中心或对称点开始变换（在自由变换模式下）：Alt

限制（在自由变换模式下）：Shift

扭曲（在自由变换模式下）：Ctrl

取消变形（在自由变换模式下）：Esc

自由变换复制的像素数据：Ctrl+Shift+T

再次变换复制的像素数据并建立一个副本：Ctrl+Shift+Alt+T

删除选框中的图案或选取的路径：DEL

用背景色填充所选区域或整个图层：Ctrl+BackSpace 或 Ctrl+Del

用前景色填充所选区域或整个图层：Alt+BackSpace 或 Alt+Del

弹出【填充】对话框：Shift+BackSpace

从历史记录中填充：Alt+Ctrl+Backspace

图像调整

调整色阶：Ctrl+L

自动调整色阶：Ctrl+Shift+L

打开【曲线调整】对话框：Ctrl+M

在所选通道的曲线上添加新的点（【曲线】对话框中）在图像中：Ctrl+单击

在复合曲线以外的所有曲线上添加新的点（【曲线】对话框中）：Ctrl+Shift+单击移动所选点（【曲线】对话框中）↑/↓/←/→

以 10 点为增幅移动所选点（【曲线】对话框中）：Shift+箭头

选择多个控制点（【曲线】对话框中）：Shift+单击

前移控制点（【曲线】对话框中）：Ctrl+Tab

后移控制点（【曲线】对话框中）：Ctrl+Shift+Tab

添加新的点（【曲线】对话框中）：点按网格

删除点（【曲线】对话框中）：Ctrl+单击

取消选择所选通道上的所有点（【曲线】对话框中）：Ctrl+D

使曲线网格更精细或更粗糙（【曲线】对话框中）：Alt 加点按网格

选择彩色通道（【曲线】对话框中）：Ctrl+～

选择单色通道（【曲线】对话框中）：Ctrl+数字

打开【色彩平衡】对话框：Ctrl+B

打开【色相/饱和度】对话框：Ctrl+U

全图调整（【在色相/饱和度】对话框中）：Ctrl+～

只调整红色（【在色相/饱和度】对话框中）：Ctrl+1

只调整黄色（【在色相/饱和度】对话框中）：Ctrl+2

只调整绿色（【在色相/饱和度】对话框中）：Ctrl+3

只调整青色（【在色相/饱和度】对话框中）：Ctrl+4

只调整蓝色（【在色相/饱和度】对话框中）：Ctrl+5

只调整洋红（【在色相/饱和度】对话框中）：Ctrl+6

去色：Ctrl+Shift+U

反向：Ctrl+I

图层操作

从对话框新建一个图层：Ctrl+Shift+N

以默认选项建立一个新的图层：Ctrl+Alt+Shift+N

通过拷贝建立一个图层：Ctrl+J

通过剪切建立一个图层：Ctrl+Shift+J

与前一图层编组：Ctrl+G

取消编组：Ctrl+Shift+G

向下合并或合并连接图层：Ctrl+E

合并可见图层：Ctrl+Shift+E

盖印或盖印连接图层：Ctrl+Alt+E

盖印可见图层：Ctrl+Alt+Shift+E

将当前层下移一层：Ctrl+[

将当前层上移一层：Ctrl+]

将当前层移到最下面：Ctrl+Shift+[

将当前层移到最上面：Ctrl+Shift+]

激活下一个图层：Alt+[

激活上一个图层：Alt+]

激活底部图层：Shift+Alt+[

激活顶部图层：Shift+Alt+]

调整当前图层的透明度（当前工具为无数字参数的，如移动工具）：0 至 9

保留当前图层的透明区域（开关）：/

投影效果（在【效果】对话框中）：Ctrl+1

内阴影效果（在【效果】对话框中）：Ctrl+2

外发光效果（在【效果】对话框中）：Ctrl+3

内发光效果（在【效果】对话框中）：Ctrl+4

斜面和浮雕效果（在【效果】对话框中）：Ctrl+5

应用当前所选效果并使参数可调（在【效果】对话框中）：A

图层混合模式

循环选择混合模式：Alt+−或+

正常：Ctrl+Alt+N

阈值（位图模式）：Ctrl+Alt+L

溶解：Ctrl+Alt+I

背后：Ctrl+Alt+Q

清除：Ctrl+Alt+R

正片叠底：Ctrl+Alt+M

屏幕：Ctrl+Alt+S

叠加：Ctrl+Alt+O

柔光：Ctrl+Alt+F

强光：Ctrl+Alt+H

颜色减淡：Ctrl+Alt+D

颜色加深：Ctrl+Alt+B

变暗：Ctrl+Alt+K

变亮：Ctrl+Alt+G

差值：Ctrl+Alt+E

排除：Ctrl+Alt+X

色相：Ctrl+Alt+U

饱和度：Ctrl+Alt+T

颜色：Ctrl+Alt+C

光度：Ctrl+Alt+Y

去色：【海棉工具】+Ctrl+Alt+J

加色：【海棉工具】+Ctrl+Alt+A

暗调：【减淡/加深工具】+Ctrl+Alt+W

中间调：【减淡/加深工具】+Ctrl+Alt+V

高光：【减淡/加深工具】+Ctrl+Alt+Z

选择功能

全部选取：Ctrl+A

取消选择：Ctrl+D

重新选择：Ctrl+Shift+D

羽化选择：Ctrl+Alt+D

反向选择：Ctrl+Shift+I

路径变选区：Enter

载入选区：Ctrl+点按图层、路径、通道面板中的缩约图

滤镜

按上次的参数再做一次上次的滤镜：Ctrl+F

去掉上次所做滤镜的效果：Ctrl+Shift+F

重复上次所做的滤镜（可调参数）：Ctrl+Alt+F

选择工具（在【3D 变化】滤镜中）：V

立方体工具（在【3D 变化】滤镜中）：M

球体工具（在【3D 变化】滤镜中）：N

柱体工具（在【3D 变化】滤镜中）：C

轨迹球（在【3D 变化】滤镜中）：R

全景相机工具（在【3D 变化】滤镜中）：E

视图操作

显示彩色通道：Ctrl+～

显示单色通道：Ctrl+数字

显示复合通道：～

以 CMYK 方式预览（开关）：Ctrl+Y

打开/关闭色域警告：Ctrl+Shift+Y

放大视图：Ctrl++

缩小视图：Ctrl+−

满画布显示：Ctrl+0

实际像素显示：Ctrl+Alt+0

向上卷动一屏：PageUp

向下卷动一屏：PageDown

向左卷动一屏：Ctrl+PageUp

向右卷动一屏：Ctrl+PageDown

向上卷动 10 个单位：Shift+PageUp

向下卷动 10 个单位：Shift+PageDown

向左卷动 10 个单位：Shift+Ctrl+PageUp

向右卷动 10 个单位：Shift+Ctrl+PageDown

将视图移到左上角：Home

将视图移到右下角：End

显示/隐藏选择区域：Ctrl+H

显示/隐藏路径：Ctrl+Shift+H

显示/隐藏标尺：Ctrl+R

显示/隐藏参考线：Ctrl+;

显示/隐藏网格：Ctrl+"

贴紧参考线：Ctrl+Shift+;

锁定参考线：Ctrl+Alt+;

贴紧网格：Ctrl+Shift+"

显示/隐藏"画笔"面板：F5

显示/隐藏"颜色"面板：F6

显示/隐藏"图层"面板：F7

显示/隐藏"信息"面板：F8

显示/隐藏"动作"面板：F9

显示/隐藏所有命令面板：TAB

显示或隐藏工具箱以外的所有面板：Shift+TAB

文字处理（在【文字工具】对话框中）

左对齐或顶对齐：Ctrl+Shift+L

中对齐：Ctrl+Shift+C

右对齐或底对齐：Ctrl+Shift+R

左/右选择 1 个字符：Shift+←/→

下/上选择 1 行：Shift+↑/↓

选择所有字符：Ctrl+A

选择从插入点到鼠标点按点的字符：Shift+单击

左/右移动 1 个字符：←/→

下/上移动 1 行：↑/↓

左/右移动 1 个字：Ctrl+←/→

将所选文本的文字大小减小 2 点像素：Ctrl+Shift+<

将所选文本的文字大小增大 2 点像素：Ctrl+Shift+>

将所选文本的文字大小减小 10 点像素：Ctrl+Alt+Shift+<

将所选文本的文字大小增大 10 点像素：Ctrl+Alt+Shift+>

将行距减小 2 点像素：Alt+↓

将行距增大 2 点像素：Alt+↑

将基线位移减小 2 点像素：Shift+Alt+↓

将基线位移增加 2 点像素：Shift+Alt+↑

选择通道中白的像素（包括半色调）：Ctrl+Alt+1～9

参 考 文 献

[1] 李小蓉，李洪涛，周俊平. Photoshop CS3 职业应用视频教程. 北京：电子工业出版社，2010.

[2] 沈洪，朱军，江鸿宾. Photoshop 图像处理技术. 北京：中国铁道出版社，2011.

[3] 刘源，罗琴. Photoshop 平面设计与制作. 北京：北京出版社，2010.

[4] 崔建成. Photoshop CS5 平面设计与经典案例大揭秘. 北京：科学出版社，2010.

[5] 龙怀冰，苏峻，张大地. Photoshop CS5 商业实战案例. 北京：化学工业出版社，2011.

[6] 石利平. 中文 CS6 实例教程. 北京：北京师范大学出版集团，2010.

[7] 王雁南，关方，罗春燕，等. 实训教程 Photoshop 图像处理. 北京：航空工业出版社，2009.

[8] 王红蕾，王海鹏，黄艳兰. 完全掌握 Photoshop CS5 商业广告设计超级手册. 北京：机械工业出版社，2012.